步印童书馆 编著

北京市数学特级教师 丁益祥
北京市数学特级教师 司梁
『卢说数学』主理人 卢声怡
力荐 联袂

小牛顿

数学分级读物

第五阶 **1 整数 方程**

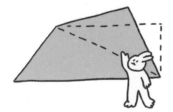

中国儿童的数学分级读物
培养有创造力的数学思维

讲透原理 → **系统进阶** → **思维转换**

电子工业出版社
Publishing House of Electronics Industry
北京·BEIJING

图书在版编目（CIP）数据

小牛顿数学分级读物. 第五阶.1, 整数 方程 / 步
印童书馆编著. -- 北京：电子工业出版社，2024.6
ISBN 978-7-121-47693-8

Ⅰ.①小… Ⅱ.①步… Ⅲ.①数学 – 少儿读物 Ⅳ.
①O1-49

中国国家版本馆CIP数据核字(2024)第074676号

特别鸣谢本书组稿策划人郑利强先生。

责任编辑：赵　妍　季　萌
印　　刷：当纳利（广东）印务有限公司
装　　订：当纳利（广东）印务有限公司
出版发行：电子工业出版社
　　　　　北京市海淀区万寿路173信箱 邮编：100036
开　　本：889×1194 1/16 印张：19.25 字数：387.6千字
版　　次：2024年6月第1版
印　　次：2024年6月第1次印刷
定　　价：120.00元（全6册）

凡所购买电子工业出版社图书有缺损问题，请向购买书店调换。若书店售缺，请与本社发行
部联系，联系及邮购电话：（010）88254888，88258888。
质量投诉请发邮件至zlts@phei.com.cn，盗版侵权举报请发邮件至dbqq@phei.com.cn。
本书咨询联系方式：（010）88254161转1860，jimeng@phei.com.cn。

偶数与奇数

◉ 整数排一排队

大明的班上要举办一场男生棒球赛。班上一共有 18 个男生，如果要将这 18 个男生分为 2 队的话，要怎样分才好呢？

大明向老师提出了一个分法。他建议老师将班上的男生按高矮顺序排列，写上编号，然后将 1 到 9 号编为甲队，10 到 18 号编为乙队。

但是，按照大明的建议分好后，发现甲队的人全都是高个子，而乙队的人全是矮个子。

还有更好的分法吗？

● 整数分一分类

甲队和乙队的身高最好差不多。但是，究竟要怎样分队呢？

想一想

应该选哪些号码的队员去甲队，又应该选哪些号码的队员去乙队呢？

利用以下的数线，你能明白吗？

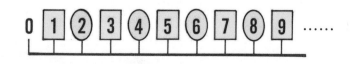

分队的方法就是每隔一个号码分到不同的队伍。

根据一个数是否能被 2 整除，分辨此数是奇数还是偶数。

从 1 开始，每隔一个编号编入甲队。而从 2 开始，每隔一个编号编入乙队。如下表所示。

甲队	1	3	5	7	9	11	13	15	17
乙队	2	4	6	8	10	12	14	16	18

◆ **乙队队员的号码**

乙队队员的号码是什么样的？他们的号码有什么规律？

我是 10 号，我的号码可以被 2 整除哦。其他队员的号码呢？

将乙队队员的号码除以 2。

$$2 \div 2 = 1 \qquad 12 \div 2 = 6$$
$$4 \div 2 = 2 \qquad 14 \div 2 = 7$$
$$6 \div 2 = 3 \qquad 16 \div 2 = 8$$
$$8 \div 2 = 4 \qquad 18 \div 2 = 9$$
$$10 \div 2 = 5$$

乙队队员的号码数全都可以被 2 整除。

◆ **甲队队员的号码**

甲队队员的号码是什么样的呢？

我的号码不能被 2 整除。$9 \div 2 = 4 \cdots\cdots 1$，那么，其他队员的号码呢？

甲队队员的号码数除以 2 的话，1 号除外，其他的余数都是 1。

$$1 \div 2 = ? \qquad\qquad 11 \div 2 = 5 \cdots\cdots 1$$
$$3 \div 2 = 1 \cdots\cdots 1 \qquad 13 \div 2 = 6 \cdots\cdots 1$$
$$5 \div 2 = 2 \cdots\cdots 1 \qquad 15 \div 2 = 7 \cdots\cdots 1$$
$$7 \div 2 = 3 \cdots\cdots 1 \qquad 17 \div 2 = 8 \cdots\cdots 1$$
$$9 \div 2 = 4 \cdots\cdots 1$$

因此，甲队队员的号码为除以 2 余数为 1 的整数。

等一下。我也被分到了甲队，但是我的号码是 1，这么分配对吗？

可以这么想：$1 \div 2$ 不够除，余数也是 1 呀！所以 1 号队员分到甲队没有问题。

✱ **能被 2 整除的整数称为偶数。不能被 2 整除的整数称为奇数。**

● 0 是奇数还是偶数?

原来如此啊!整数可以分为奇数和偶数。那么,0 呢? 0 也是整数呀!它是奇数还是偶数呢?

所谓整除,就是余数为 0。所以,0÷2 = 0,余数为 0,所以 0 也是偶数。0 是一个比较特别的偶数。

＊ **0 为偶数**

◉ 奇数和偶数的区分法

分一分,整数 34、97、113、246、382、1585 中哪些是奇数? 哪些是偶数?

很简单哦!将整数除以 2 就可以分出来了。

34 ÷ 2 = 17　　　　　（偶数）
97 ÷ 2 = 48……1　　（奇数）
113 ÷ 2 = 56……1　（奇数）
246 ÷ 2 = 123　　　（偶数）
382 ÷ 2 = 191　　　（偶数）
1585 ÷ 2 = 792……1（奇数）

如果非常大的数区分奇数和偶数,每

次都要除以 2 实在很麻烦,有没有更快的方法? 把偶数和奇数分类排列出来看一看。

3	4
2	4	6
3	8	2
9	7
1	1	3
1	5	8	5

如左图所示,所有偶数的个位上的数皆为偶数。而所有奇数的个位上的数皆为奇数。

因此,看个位上的数就能判断一个数是偶数还是奇数。

＊ 分辨整数是奇数还是偶数时,只需看此数的个位上的数。若个位上的数为奇数,则此数为奇数;若个位上的数为偶数,则此数为偶数。

◉ 换种角度分一分

现在,我们将 0 到 20 的整数除以 3,看一看会出现几种情况。

整数除以 2 时,会出现两种结果:可以整除;余数为 1。

而整数除以 3 时,则会出现三种结果:
● 可以整除;
● 余数为 1;
● 余数为 2。

如果把"可以整除"当作"余数为 0"的话, 就分为:
● 余数为 0;
● 余数为 1;
● 余数为 2。
这三种情况哦!

● 余数为 0 的数有:

0、3、6、9、12、15、18。

● 余数为 1 的数有:

1、4、7、10、13、16、19。

● 余数为 2 的数有:

2、5、8、11、14、17、20。

大家可以竖着观察以下内容。

$0 \div 3 = 0 \cdots 0$	$6 \div 3 = 2 \cdots 0$	$12 \div 3 = 4 \cdots 0$	$18 \div 3 = 6 \cdots 0$
$1 \div 3 = 0 \cdots 1$	$7 \div 3 = 2 \cdots 1$	$13 \div 3 = 4 \cdots 1$	$19 \div 3 = 6 \cdots 1$
$2 \div 3 = 0 \cdots 2$	$8 \div 3 = 2 \cdots 2$	$14 \div 3 = 4 \cdots 2$	$20 \div 3 = 6 \cdots 2$
$3 \div 3 = 1 \cdots 0$	$9 \div 3 = 3 \cdots 0$	$15 \div 3 = 5 \cdots 0$	
$4 \div 3 = 1 \cdots 1$	$10 \div 3 = 3 \cdots 1$	$16 \div 3 = 5 \cdots 1$	
$5 \div 3 = 1 \cdots 2$	$11 \div 3 = 3 \cdots 2$	$17 \div 3 = 5 \cdots 2$	

● **用数线表示**

奇数和偶数在数线上每隔一个数就出现一次。

而本题则将余数为 0 的整数标为 ●, 余数为 1 的整数标为 △, 余数为 2 的整数标为 □。

请你看一看有什么规律。

* **可以用整数除以某数所得的余数来分类。**

整 理

(1) 整数除以 2, 能够整除的整数称为偶数, 余数为 1 的整数称为奇数。0 也是偶数。

(2) 分辨整数是偶数还是奇数时, 看它个位上的数即可。个位上的数是奇数这个数则为奇数, 个位上的数是偶数这个数则为偶数。

(3) 整数可由除以某数的余数来分成"某数"个类别。

倍数和公倍数

倍数的运用

今年的运动会将由五年级（1）班的20名女生承担广播组、医护组、筹备组、招待组等4项任务。如果不考虑她们的特长和志愿，只按编号来分成4类，那么可以把编号除以4，利用余数就能分类。

● 分分看

将20名女生的座号从1到20都除以4，可以从这些余数的性质分出哪些组别来呢？

可以分为4组：

● 除以4，余数为0；

● 除以4，余数为1；

● 除以4，余数为2；

● 除以4，余数为3。

将以上4组按顺序分别编入广播组、医护组、筹备组和招待组，则20名女生分配如下：

4、8、12、16、20 ━━➤ **广播组**
除以4，余数为0

1、5、9、13、17 ━━➤ **医护组**
除以4，余数为1

2、6、10、14、18 ━━➤ **筹备组**
除以4，余数为2

3、7、11、15、19 ━━➤ **招待组**
除以4，余数为3

● 什么是倍数？

广播组的人的编号
有什么特征呢？

广播组是编号除以 4 余数为 0 的人，也就是说，4、8、12、16、20 都是 4 的倍数。

$4 \times 1 = 4$、$4 \times 2 = 8$、$4 \times 3 = 12$、$4 \times 4 = 16$、$4 \times 5 = 20$；4、8、12、16、20 是 4 的 1 倍、2 倍、3 倍、4 倍、5 倍的数。这种能够使整数变成几倍的数，称为此整数的"倍数"。

由此可知，广播组的同学编号即为 4 的倍数的数。我们用数线来表示 4 的倍数，如下图所示。

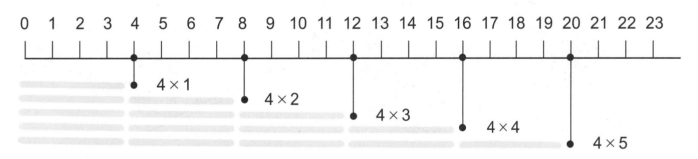

● 如何找出倍数？

如何分辨某数是不是 4 的倍数呢？举例说明，我们想知道 16 是不是 4 的倍数时，可以数一数 4 的 1 倍、2 倍、3 倍……，数到有 16 的数出现时，就知道它是不是 4 的倍数了。

对于比较大的数，如 96，这时如果仍以 4 的 1 倍、2 倍、3 倍……的方式数，数到 96，就会很麻烦。那有什么简单的办法吗？其实，4 的倍数，就是除以 4 而余数为 0 的数，也就是能被 4 整除的数。所以我们如果

想知道 96 是不是 4 的倍数，只要看一看它是否能被 4 整除就可以啦。

$$96 \div 4 = 24$$

可以被 4 整除

96 是 4 的倍数

同理，3 的倍数的数可以被 3 整除，5 的倍数的数可以被 5 整除，这样就可以很快确认某数是否为某数的倍数了。

公倍数

◉ 2个数共同的倍数

从运动场的入口开始，在长44米的走道上，每隔4米打一根木桩，另外，每隔6米插一面旗子。

请问，在什么情况下木桩和旗子会插在同一个地点呢？

● 4和6共同的倍数

由于木桩是每隔4米一根，而旗子是每隔6米一面，也许有人认为木桩和旗子的位置永远不可能重叠。

但是，如下图所示，分别将木桩和旗子插下的地点画下来一看，木桩和旗子确实会同时插在同一地点。

从下图可知，木桩和旗子重叠的地方，

在从入口处开始第3个、第6个、第9个的木桩上，所以从入口开始的距离分别是：

$4 \times 3 = 12$（米）；

$4 \times 6 = 24$（米）；

$4 \times 9 = 36$（米）。

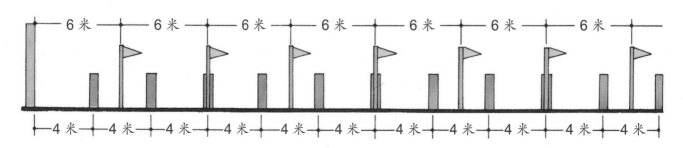

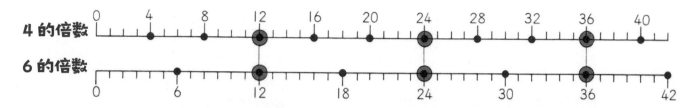

我们利用两条数线，将钉木桩和插旗子的位置更清楚地表示出来，如上图所示。

由图可知，木桩每隔4米1根，是4的倍数。另外，旗子每隔6米1面，则为6的倍数。

木桩和旗子重叠处的数12、24、36，既是4的倍数，也是6的倍数。因此，12、24、36，是4和6共同的，即公有的倍数。

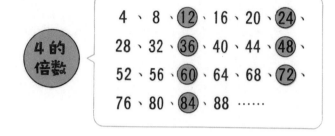

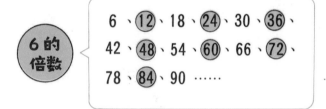

有〇记号的数既是4的倍数，也是6的倍数，因此它们是4和6的公倍数。

12、24、36、48、60、72、84……，4和6的公倍数有无限多。

公倍数和倍数一样，有无限多。

几个整数公有的倍数，称为这几个整数的公倍数。其中最小的叫最小公倍数。

木桩和旗子重叠的地方，就是4米和6米的公倍数的地方。

● 公倍数的个数

我们已经知道，12、24、36为4和6的公倍数，但是4和6还有许多其他的公倍数。

按顺序把4的倍数和6的倍数写出来，并将两者相同的数用〇画出来，如右上图所示。

● 公倍数的求法

你是否发现这些数有什么共同点？

想一想，$12 \times 1 = 12$，$12 \times 2 = 24$，$12 \times 3 = 36$，$12 \times 4 = 48$……，12、24、36、48为12的1倍、2倍、3倍、4倍……的数。

这些数字也是 12 的倍数。

也就是说，4 和 6 的公倍数 12、24、36……是最小公倍数 12 的倍数。

这种情形，也同时存在于 4 和 6 以外的公倍数。

因此，如果想找出某些数的公倍数，只要先找出它们的最小公倍数，再将这个最小公倍数乘以 1 倍、2 倍、3 倍……，就可以求得它们所有的公倍数。

例如 2 和 3 的公倍数。

首先，将 2 和 3 的倍数按顺序由小到大列出来。

2 的倍数——2、4、6、8、10……

3 的倍数——3、6、9、12、15……

两者最先出现的相同数为 6，就是 2 和 3 的最小公倍数。

而 6 的 1 倍、2 倍、3 倍……的数 6、12、18、24……，就是 2 和 3 的公倍数。

● 3 和 6 的公倍数

首先求 3 和 6 的公倍数，大家一起来动脑筋。

3 的倍数——3、6、9、12、15、18、21、24、27、30、33、36、39……

6 的倍数——6、12、18、24、30、36……

如上述所示，按顺序由小至大分别求出 3 和 6 的倍数。找出两者共同的倍数为 6、12……，这些都是 3 和 6 的公倍数。

因此，3 和 6 的最小公倍数为 6，恰好就是大的数 6。

6÷3 = 2，6 被 3 整除，所以 6 为 3 的倍数。

像这种大数是小数倍数的情形，大数就是这两个数的最小公倍数。

◉ 各种数的公倍数

利用下列 4 个数做成各种组合，来做求出公倍数的练习。

原来如此，我懂了！这么说，像 4 和 8，因为 8 是 4 的倍数，所以 4 和 8 的最小公倍数就是 8。

● 3 和 4 的公倍数

现在来想一想，怎样求出 3 和 4 的最小公倍数？

3 的倍数——3、6、9、12、15、18、21、24、27、30、33、36、39……

4 的倍数——4、8、12、16、20、24、28、32、36、40、44……

如上述所列，将 3 和 4 的倍数按照顺序由小到大排列出来，可以得到两者共同的倍数为 12、24、36……所以，可知 3 和 4 的公倍数中，12 为最小公倍数。

3 × 4 = 12，因此本题是将两个数互乘，得到的数为最小公倍数。

也就是说，两个数的最小公倍数有可能是这两个数互乘后的得数。

例如，3 和 8 的公倍数，3 × 8 = 24，24 是这两个数的最小公倍数。

● 6 和 8 的公倍数

接下来想一想，6 和 8 的最小公倍数怎么求？

本题的大数 8 不是小数 6 的倍数。

我们将 8 的倍数顺序排列出来，找出可以被 6 整除的数。

8 的倍数——8、16、24、32、40……

24 ÷ 6 = 4　可以被 6 整除。

24 为最小公倍数

由上可知，24 为 6 和 8 的最小公倍数。

● 4、6、8 的公倍数

4、6、8 的公倍数，又该怎么求呢？

遇到这种题目，先将大数的倍数按照顺序由小到大排列出来，再找出能被 4 和 6 整除的数。

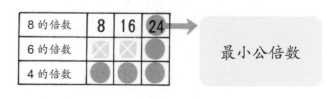

8 的倍数	8	16	24
6 的倍数	✕	✕	●
4 的倍数	●	●	●

最小公倍数

4、6、8 的最小公倍数是 24。

由此可知，要求很多数的最小公倍数时，先将最大数的倍数由小到大排列出来，找出其中最小而能被其他的数整除的数，此数即为这些数的最小公倍数。为什么从最大的倍数找起呢？因为这样找比较"快"。

◉ 公倍数的应用

了解了公倍数的求法后，再来看一看如何实际应用公倍数。

例题 1

如果要用长为 8 厘米、宽为 6 厘米的卡片来排成一个正方形，而且所使用到的卡片最少，则此正方形边长是几厘米？需要几张卡片？

● 求法

正方形的四边相等，也就是长和宽相同。

长的边长从 8 厘米、16 厘米、24 厘米……逐渐增加，均为 8 的倍数。而宽的边长从 6 厘米、12 厘米、18 厘米……逐渐增加，均为 6 的倍数。

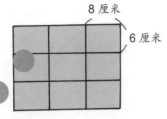

长	8	16	24	32	40	48	……
宽	6	12	18	24	30	36	……

因此，要求最少需几张卡片才能排成一个正方形，只需求出 8 和 6 的最小公倍数即可。

8 和 6 的最小公倍数为 24。边长为 24 厘米的正方形是长为 8 厘米和宽为 6 厘米的卡片所排成的最小正方形。

需要卡片的张数是：

长的方向：$24 \div 8 = 3$（张）

宽的方向：$24 \div 6 = 4$（张）

一共几张：$3 \times 4 = 12$（张）

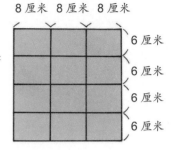

例题 2

将例题 1 中的长为 8 厘米和宽为 6 厘米的卡片，排成第二小的正方形，则此正方形的边长是多少？需要的卡片有几张？

● 求法

由例题 1 可知，求排成第二小的正方形，只需求出 8 和 6 的第二小的公倍数即可。8 和 6 的最小公倍数为 24，因此 $24 \times 2 = 48$，48 为 8 和 6 第二小的公倍数，故此正方形的边长为 48 厘米。

需要卡片的张数是：

长的方向：$48 \div 8 = 6$（张）

宽的方向：$48 \div 6 = 8$（张）

一共几张：$6 \times 8 = 48$（张）

例题 3

利用图形来表示，可以很快知道 $\frac{3}{4}$ 和 $\frac{5}{6}$ 的大小。除了利用图形，是否还有其他的方法可以表示这两个数的大小？

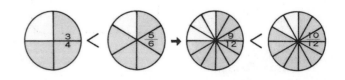

求法

不改变 $\dfrac{3}{4}$ 和 $\dfrac{5}{6}$ 的大小，而以其他形式来比较，可以得到以下式子：

$$\dfrac{3}{4} = \dfrac{6}{8} = \dfrac{9}{12} = \dfrac{12}{16} = \dfrac{15}{20} = \dfrac{18}{24} \cdots\cdots$$

$$\dfrac{5}{6} = \dfrac{10}{12} = \dfrac{15}{18} = \dfrac{20}{24} \cdots\cdots$$

两个分数的分母若是相同，就可以很容易地由分子大小比较出分数的大小了。

也就是说，将 $\dfrac{3}{4}$ 和 $\dfrac{5}{6}$ 两数的分母化成 4 和 6 的公倍数时，即可比较大小。

两个分数的分母相同，不但可以比较这两个分数的大小，也可以算出它们的差。

$$\dfrac{5}{6} = \dfrac{10}{12} \qquad \dfrac{3}{4} = \dfrac{9}{12}$$

$$\dfrac{5}{6} - \dfrac{3}{4} = \dfrac{10}{12} - \dfrac{9}{12} = \dfrac{1}{12}$$

判断倍数的秘诀

2 的倍数——个位上的数可以被 2 整除。例如，57<u>8</u>，179<u>0</u>。

4 的倍数——最末二位数可以被 4 整除。例如，3<u>12</u>，5<u>00</u>，17<u>76</u>。

8 的倍数——最末三位数可以被 8 整除。例如，15<u>000</u>，2<u>168</u>，577<u>048</u>。

5 的倍数——最末一位数是 0 或 5。例如，93<u>0</u>，716<u>5</u>。

25 的倍数——最末二位数为 00、25、50 或 75。例如，19<u>00</u>，97<u>25</u>，188<u>75</u>。

3 的倍数——全部数位的和可以被 3 整除。例如，

5̇1̇6̇……$5 + 1 + 6 = 12 \rightarrow$

$12 \div 3 = 4$，可以被 3 整除，所以 516 为 3 的倍数。

9 的倍数——全部数位的和可以被 9 整除。例如，

2̇4̇3̇……$2 + 4 + 3 = 9 \rightarrow 9 \div 9 = 1$

7̇0̇7̇4̇……$7 + 0 + 7 + 4 = 18 \rightarrow 18 \div 9 = 2$

● 倍数为两个数的倍数之积

6 的倍数——是 2 的倍数，也是 3 的倍数。

5754 $\begin{cases} \text{个位的 4 可以被 2 整除，所以是 2 的倍数。} \\ 5 + 7 + 5 + 4 = 21 \cdots\cdots 21 \div 3 = 7 \end{cases}$

5754 是 2 和 3 的倍数，因此也是 6 的倍数。

整 理

(1) 整数加倍所得的数称为此数的倍数。

(2) 某几个整数公有的倍数称为这几个数的公倍数。其中最小的是最小公倍数。

(3) 求某些整数的最小公倍数，可将这些数的公倍数按顺序由小到大排列出来。其中最先出现的公有倍数即最小公倍数。

因数和公因数

因数

◎ 因数的求法

篮子里有 12 个橘子，如果要将这些橘子平均分出去，且不能有剩余，则有几种分法？

● 想一想，怎么分？

以下是几个同学想到的分法。

大超的分法：每人分 2 个，分给 6 个人。

小玉的分法：每人分 3 个，分给 4 个人。

小杰的分法：每人分 4 个，分给 3 个人。

珍珍的分法：每人分 6 个，分给 2 个人。

还有，也可以全都给 1 个人哦！那么 1 个人就可以分到 12 个！

既然如此，也可以分给 12 个人咯！1 个人分 1 个，就可以分给 12 个人了。

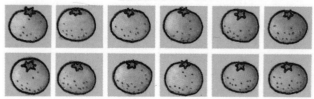

除了以上的分法，没有其他的保持橘子完整的分法了。

● **所分的个数和人数**

将上述大超和其他同学分橘子的方法，整理成表格如下：

个数	1	2	3	4	6	12
人数	12	6	4	3	2	1

从这个表，你发现什么规律没有？

想一想

人数 12、6、4、3、2、1 的数，全部可以将 12 整除哦。
$12 \div 12 = 1$　$12 \div 6 = 2$
$12 \div 4 = 3$　$12 \div 3 = 4$
$12 \div 2 = 6$　$12 \div 1 = 12$

如上所示，12 能被 1、2、3、4、6、12 整除，这些数称为 12 的因数。

这么说，12 的因数有 1、2、3、4、6、12，一共有 6 个。

◉ **各种数的因数**

大超和所有同学，将 1 到 12 的整数的因数，全部了写出来，如下：

整数　因数

1……{1}

2……{1, 2}

3……{1, 3}

4……{1, 2, 4}

5……{1, 5}

6……{1, 2, 3, 6}

7……{1, 7}

8……{1, 2, 4, 8}

9……{1, 3, 9}

10……{1, 2, 5, 10}

11……{1, 11}

12……{1, 2, 3, 4, 6, 12}

✻ **1 是所有数的因数。**

✻ **任何数本身就是它自己的因数。**

✻ **1 到 12 的整数中，因数最多的是 12。**

✻ **2、3、5、7、11 的因数只有 1 和它本身。**

公因数

◎ 公因数的求法

桌上有 12 个橘子、8 个苹果。如果想平均分给小朋友且不能有剩余，请问一共有几种分法？分别分给几个人？

● 想一想，怎么分？

将橘子和苹果分开来想一想：

 橘子的分法

将 12 个橘子平均分，能分配的人数就是能将 12 整除的数，也就是 12 的因数：即 1、2、3、4、6、12 人。

 苹果的分法

将 8 个苹果平均分，能分配的人数就是 8 的因数，即 1、2、4、8 人。

 但是这是将橘子和苹果分开考虑时的情况呀，合起来考虑的话会怎样呢？

 只要将以上所求出来的全部分法，也就是 1 人、2 人、3 人、4 人、6 人、8 人、12 人列出来，就是答案呀！

大超把上述的分法做成了下列表格。

人数	分给每个人的橘子个数	分给每个人的苹果个数
1	12	8
2	6	4
3	4	×
4	3	2
6	2	×
8	×	1
12	1	×

从表格可知，能够同时将橘子和苹果平均分配的人数为"1人、2人、4人"。那么，这个"1、2、4"，是12和8的因数中怎样的数呢？

● 哪些是12和8共同的因数？

小玉整理的心得如下：

> 将12个橘子平均分配的分法（人数）

↓

> 12的因数

↓

{1，2，3，4，6，12}

> 将8个苹果平均分配的分法（人数）

↓

> 8的因数

↓

{1，2，4，8}

> 将12个橘子和8个苹果同时平均分配的分法（人数）

↓

{1，2，4}

> 啊！我明白了。
> {1，2，4}是12和8共同的因数。

两个以上的数的共同因数，称为公因数。用图表示如下：

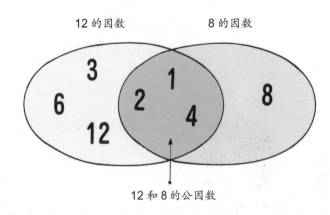

12的因数　　　8的因数

12和8的公因数

◉ 怎样求公因数

● 6和12的公因数

现在求6和12的公因数。

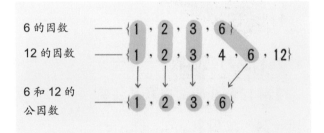

6的因数 —— {1，2，3，6}

12的因数 —— {1，2，3，4，6，12}

6和12的公因数 —— {1，2，3，6}

> 6和12的公因数是1、2、3、6。哇！这些数全部是6的因数呢！

要求公因数中的最大公因数，只要将所有因数排列出来即可。另外，6和12的公因数也有其他的求法。

公因数为两个以上的数的共同因数，因此，6 和 12 的公因数不可能比小数 6 大。

而且 12 ÷ 6 = 2　6 为 12 的因数。

所以 6 和 12 的公因数中，最大的是 6。而 6 的因数全都是 12 的因数，所以求 6 和 12 的公因数，只要将 6 的因数全部找出来即可。

6 的因数为 1、2、3、6，所以 6 和 12 的公因数也就是 1、2、3、6。

总之，凡是小数为大数的因数，则小数的因数即为这两个数的公因数。

那么，8 和 16 的公因数，就可以很快求出来哦！

16 ÷ 8 = 2, 8 为 16 的因数，所以把 8 的因数全部写出来就可以了。

8 的因数为 1、2、4、8，所以 8 和 16 的公因数就是 1、2、4、8。

● 16 和 24 的公因数

了解 16 和 8 的公因数求法后，现在来求 16 和 24 的公因数。

16 和 24 的公因数不可能比 16 大，但是 24 ÷ 16 = 1……8，16 并不是 24 的因数，好像求不出来呀！

16 的因数 8 呢？
24 ÷ 8 = 3
8 也是 24 的因数喔！

16 和 24 的公因数中，最大的是 8。

所以，所有 8 的因数就是 16 和 24 的公因数。

8 的因数有 4 个，为 1、2、4、8。这 4 个数就是 16 和 24 的公因数。

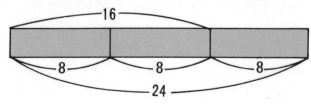

● 8、12、20 的公因数

三个数的公因数怎么求呢?

8、12、20 的公因数有几个?

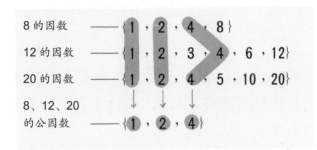

从三个数中最小的 8 来思考更好。8 的因数为 1、2、4、8,有 4 个。4 个因数当中,12 和 20 不能被 8 整除,所以 8 不是此三个数的公因数。因此,4 有可能是这三个数的公因数。

8、12、20 的公因数为 1、2、4,有 3 个。

将三个数的因数关系以图形表示如下:

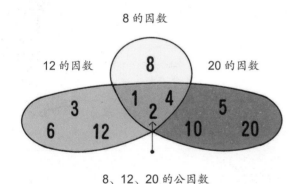

8、12、20 的公因数

1、2、4 为最大公因数 4 的因数。所以,求最大公因数之后,再求此公因数的因数,结果相同。

想一想,怎样求最大公因数?

想一想

8、12、20 之中,最小的数为 8,因此三个数的公因数没有比 8 大的。

$12 ÷ 4 = 3$,$20 ÷ 4 = 5$ 啊!对了,8、12、20 的公因数当中,4 是最大的,也就是它们的最大公因数。

🐸 动脑时间

怎么除都有余数的整数

有一个数,除以 2 余 1,除以 3 余 2,除以 4 余 3,除以 5 余 4,除以 6 余 5。

这个数到底是多少?请注意,这个数必须是 100 以内的整数。

由提示可知,除以 2 余 1,除以 3 余 2……不管此数除以 1、2、3、4、5、6 哪一个数,结果都不够 1 而不能整除。因此,只要此数加上 1,则都可以整除。

可以被 2、3、4、5、6 整除的数中,最小的公倍数是 60。将 60 减 1 为 59,答案即是此数。

◉ 公因数的应用

利用公因数可以解答许多实际问题，现在，就让我们试一试。

例题

如右图，有一张由长、宽各为 1 厘米的方格组成的纸。

12 厘米

8 厘米

现在，我们想从方格的线切开，切成同样大小的正方形。

如果我们要找出其中最大的正方形，则此正方形的边长为多少厘米？

注意，不能有纸剩下。

8 的因数 —— {1, 2, 4, 8}

12 的因数 —— {1, 2, 3, 4, 6, 12}

8、12 的公因数 —— {1, 2, 4}

由上可知，从宽为 8 厘米、长为 12 厘米的长方形切割成没有余数的正方形，可以得到边长各为 1 厘米、2 厘米、4 厘米三种正方形。

但是，本题题目是找出其中最大的正方形的边长，因此答案为 4 厘米。

诸如此类问题，只要求出两个数的公因数，即可求出答案。

● 求法

首先，从宽来看：

要将宽等分，不能有余数，即正方形的边长能被 8 整除，也就是正方形的边长必须为 8 的因数。

8 的因数……{1, 2, 4, 8}

同理，要将长等分，不能有余数，则此正方形的边长必须为 12 的因数。

12 的因数……{1, 2, 3, 4, 6, 12}

正方形的长、宽相等，因此切开的正方形边长为长方形的宽和长——8 厘米和 12 厘米的公因数。

例题

五年级（1）班有男生 24 人、女生 18 人。你能用最简单的数表示男生与女生的比例吗？

● 求法

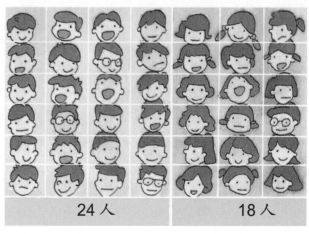

| 24 人 | 18 人 |

男生和女生的比例为 **24 比 18**。

把男生、女生每2人分成一队，则：

男生……24÷2 = 12（队）

女生……18÷2 = 9（队）

从队数来看，男生和女生的比例为12比9。

把男生、女生分成每3人一队，则：

男生……24÷3 = 8（队）

女生……18÷3 = 6（队）

男生和女生的比例为8比6。

把男生、女生分成每6人一队，则：

男生……24÷6 = 4（队）

女生……18÷6 = 3（队）

男生和女生的比例为4比3。

将24和18的比例用越大的公因数来除，则得到的表示比例的数越来越小。

例题

笑笑将上个月的零用钱分成12等分，表示其用途，如右图所示。

其中学习用品占所有零用钱的 $\frac{4}{12}$。

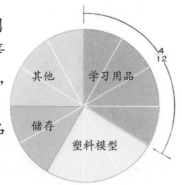

如果将右图12等分改为6等分或3等分，则学习用品的部分应该如何表示？

● **求法**

6等分时，

$$\frac{4÷2}{12÷2} \rightarrow \frac{2}{6}$$

$$\frac{4}{12} = \frac{2}{6}$$

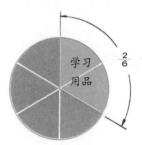

3等分时，

$$\frac{4÷4}{12÷4} \rightarrow \frac{1}{3}$$

$$\frac{4}{12} = \frac{1}{3}$$

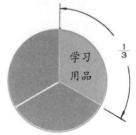

用分数表示比例时，分子和分母同时除以公因数，则比例不变。

整　理

（1）某些整数的因数只有1和其本身。

（2）两个以上的数公有的因数，称为这些数的公因数。

（3）知道所有的公因数即可求出最大公因数。将所有因数写出来，可以避免遗漏或重复。

（4）想将比例以更简单的方式表示，可以利用公因数求出。

巩固与拓展

整 理

1 奇数和偶数

整数除以2，如果能被2整除，该整数叫作偶数；如果除以2之后还余1，该整数叫作奇数。（●为偶数，■为奇数）

| 1 | 2 | 3 | 4 | 5 | 6 | 20 | 21 | 22 | 23 |

如果把整数写在数线上，奇数和偶数会轮流排列在数线上。0也是偶数。

无论整数有多大，都属于奇数或偶数。如果个位上的数是0或偶数，该整数就是偶数；如果个位上的数是奇数，该整数就是奇数。

偶数
```
0
4
20
250
3010
```
奇数
```
1
9
333
3001
```

2. 倍数和公倍数

（1）倍数

把一个整数乘以整数倍之后，新的整数是原来整数的倍数。

试一试，来做题。

1. 下面有7张数字卡片，请把这些卡片分成偶数和奇数两组，并写出编号。

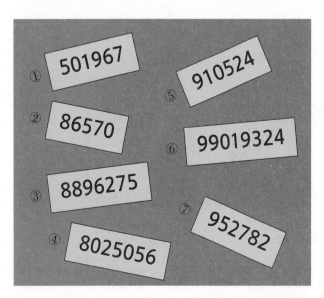

① 501967
② 86570
③ 8896275
④ 8025056
⑤ 910524
⑥ 99019324
⑦ 952782

2. 右边列了一张表，表上有1到20的整数。请看着表格回答问题。

一	二	三	四	五
1	2	3	4	5
6	7	8	9	10
11	12	13	14	15
16	17	18	19	20

（1）在1到20的整数中，哪些是3的倍数？

（2）第5列的数是什么数的倍数？

（3）用 □ 圈出的数是什么数的倍数？

3. 绳子长30米，首先从绳子的一端每隔2米绑上1条红色丝带。然后，依旧从绳子的一端每隔3米绑上1条蓝色的丝带。红色和蓝色丝带重复出现的位置一共有几处？（绳子的两个端点不绑丝带）

答案：1.偶数有②、④、⑤、⑥、⑦；奇数有①、③。2.（1）3、6、9、12、15、18。（2）5的倍数。（3）4的倍数。

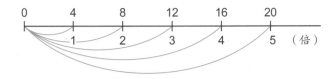

上图是把 4 分别乘以 1 倍、2 倍、3 倍……得数为 4、8、12……所以，4、8、12……都是 4 的倍数。

（2）公倍数

6、12、18……是 2 和 3 的公有倍数，所以 6、12、18……是 2 和 3 的公倍数。

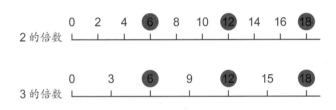

2 的倍数

3 的倍数

3 因数和公因数

（1）因数

右边的式子是把 12 写成 2 个整数的乘积，12 能被 1、2、3、4、6、12 整除，所以 1、2、3、4、6、12 都是 12 的因数。

21 $\begin{cases} 1 \times 12 \\ 2 \times \\ 3 \times 4 \end{cases}$

5…（ 5 × 1 ）
7…（ 7 × 1 ）
11…（11 × 1 ）

5、7、11 等是大于 1 的整数，除了 1 和它自己以外没有别的因数，这种整数叫作质数。

（2）公因数

6 的因数有 1、2、3、6。12 的因数有 1、2、3、4、6、12。1、2、3、6 是 6 和 12 公有的因数，所以它们是 6 和 12 的公因数。

4. 24 个橘子可以平分给几个人？把所有可能的答案全部写出来。

5. 有 18 个橘子、12 块煎饼、24 颗糖果，妈妈把这些东西全部平分给小朋友，每位小朋友分得的各种东西数目相同，总共有几位小朋友？

6. 小明有 2 张 10 元纸币和数枚 1 元硬币。如果使用这些钱，刚好可以买好几

块 3 元的橡皮擦，或者买好几支 4 元的铅笔，或是买几本 6 元的笔记本。算一算，小明到底有几枚 1 元的硬币？

3. 4 处。 4. 1 人、2 人、3 人、4 人、6 人、8 人、12 人、24 人。 5. 6 人。 6. 4 枚。

解题训练

■ 练习找出奇数
　与偶数

1 上体育课时，老师把
同学们排成一排，并打
算分成红、白两组。从
排头的小明开始，编号分别是"1、2、3……"，偶数编号的人
参加白队，奇数编号的人参加红队。

（1）小明是1号，所以参加红队。图中还有谁属于红队？

（2）小华应该参加红队还是白队？

（3）小良排在队伍的最后面，他应该参加哪一队？

◄ 提示 ►

把每个编号除以2
便知道该编号是
奇数还是偶数。

解法 编号之后，每个人的号码就成为右
图的形式。偶数可以被2整除，所以2、
4、6、8、10、12都是偶数，偶数号的
人有小华、小强、小仁，奇数号的人有小明、小刚、小智。

答：（1）小刚、小智属于红队。（2）小华应该参加白队。（3）
小良应该参加白队。

■ 公倍数的练习

2 有两棵距离120米的
树，两棵树之间每隔4米设
置了一根木桩。如果把木桩
和木桩间的距离拓宽成6米，
一共有几根木桩不必移动？

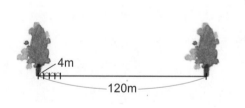

◄ 提示 ►

找出4和6的公
倍数。

解法 求出4和6的公倍数，位于公倍
数位置的木桩可以不必移动。12是6和
4的最小公倍数，12的2倍、3倍……等
数也是6和4的公倍数。120÷12=10……（间隔数
目），因为两端都没有设置木桩，所以必须减1（间隔数少1）。

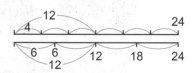

答：一共有9根木桩不必移动。

■ 因数的应用练习

3　右边有两张数字卡片。①号卡片上的数是3位数，可以被5整除。②号卡片上的数是4位数，可以被4整除。①号、②号卡片上的数各是什么？把所有可能的答案都写出来。

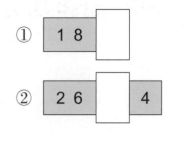

① | 1 8 |

② | 2 6 | | 4 |

◀ 提示 ▶
可以被5整除的数，个位上的数必定是5或0。
可以被4整除的数，最末位的2位数必定可以被4整除。

解法　①可以被5整除的数，个位上的数必定是5或0，所以它的个位上的数是5或0。

②可以被4整除的数，它最末位的2位数是4的倍数，所以04、24、44、64、84都是正确的答案。

答：①卡片上的数是180、185；②号卡片上的数是2604、2624、2644、2664、2684。

| 185 | 180 |

4的倍数
4，8，12
16，20，24

■ 公因数的应用练习

4　右图是长为84厘米、宽为56厘米的长方形纸。现在剪成几个大小一样的正方形，正方形越大越好，但裁剪时长方形的长和宽不能有剩余。正方形的边长是多少厘米？总共可以剪成几个正方形？

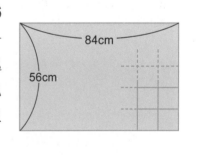

84cm
56cm

◀ 提示 ▶
找出56和84的最大公因数。

解法　"长方形的长和宽不能有剩余"表示长和宽必须被整除，因此先找出56和84的公因数。56的因数有1、2、4、7、8、14、28、56；84的因数有1、2、3、4、7、12、14、21、28、42、84，公因数是2、4、7、14、28。56和84的最大公因数是28。56÷28=2、84÷28=3、3×2=6。

答：正方形边长为28厘米，总共可以剪成6个正方形。

加强练习

1. 下图是某个月份的日历。

日	一	二	三	四	五	六
	1	2	3	4	5	6
7	8	9	10	11	12	13
14	15	16	17	18	19	20
21	22	23	24	25	26	27
28	29	30	31			

（1）可以被 7 整除的数集中在星期几？

（2）星期四的数字是哪种数呢？是谁的倍数或者除以几余几的数呢？

2. 往甲地的班车每隔 10 分钟从车站开出一班，往乙地的班车每隔 15 分钟从车站开出一班。早上 6 点钟时，两种班车同时从车站出发。

（1）两种班车再次同时出发是几点几分？

（2）从早上 6 点到正午 12 点，两种班车一共有几次同时出发？（包括 6 点的那一次）

解答和说明

1.（1）可以被 7 整除的数就是 7 的倍数，所以求出 7 的 1、2、3 倍……便可求出答案。

（2）11÷7、18÷7……的余数都是 4。4÷7 的余数也是 4。

答：（1）可以被 7 整除的数集中在星期日。（2）星期四的数字是除以 7 后余 4 的数。

2.（1）10 和 15 的最小公倍数是 30，6 点 +30 分 =6 点 30 分

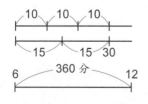

（2）6 点到 12 点共有 360 分钟（6 小时），360÷30=12 是间隔的数目。比间隔数多 1，所以，12+1=13（次）。

答：（1）两种班车再次同时出发是 6 点 30 分。（2）两种班车一共有 13 次同时出发。

3. 因为橘子缺 7 个，所以除数必定是 8 以上的数。苹果剩余 6 个，所以总共分配了 45 个，算式是：51–6=45（个）。74 个橘子分配完后还缺 7 个，所以原本打算分配 81 个橘子。45 和 81 的公因数是 1、3、9，其中只有 9 是 8 以上的数。

答：原本打算分给 9 个人。

4. 记号是甲、乙齿轮最初交会的地方。甲齿轮必须转动 60 颗齿数，记号的位置才会转回交会点；乙齿轮必须转动 40 颗齿数，记号的位置才会转回交会点。

3. 有 51 个苹果和 74 个橘子。如果把这些水果平分给几个人，苹果会剩余 6 个，橘子却会少 7 个。原本打算分给几个人？

4. 下图是甲、乙两个齿轮。现在在甲、乙齿轮交会的地方各做一个记号，当

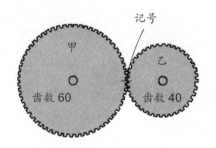

甲、乙齿轮上的记号再一次交会时，两个齿轮各转动了几圈？

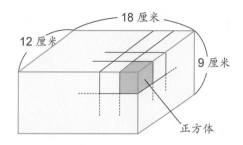

5. 上图是个长方体，如果把这个长方体分割成好几个正方体，正方体的体积越大越好，而且长方体必须全部分割，不可以有剩余。那么，正方体的边长应该是多少厘米？总共可以分成几块正方体？

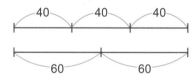

求出两齿轮各转几圈后移动的齿轮将会相同，所以必须求 60 和 40 的公倍数。公倍数是 120，120÷60=2（圈），120÷40=3（圈）。

答：甲齿轮转 2 圈、乙齿轮转 3 圈，两齿轮上的记号会再一次交会。

5. 长方体必须全部分割，不可以留下剩余，所以要求 12、18、9 的公因数，它们的公因数是 1 和 3，因此正方体的边长是 3 厘米。然后计算长方体的各个边可以分割成几个，12÷3=4（个），18÷3=6（个），9÷3=3（个），4×6×3=72（个）。

答：正方体的边长是 3 厘米，总共可以分成 72 个正方体。

应用问题

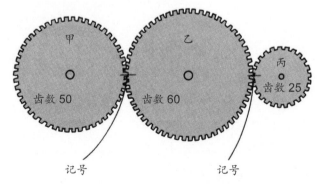

1. 上图是甲、乙、丙三个齿轮，先在三个齿轮的交会处分别做下记号，当甲、乙、丙齿轮上的记号再一次相会时，三个齿轮各转动了几圈？

答案：甲齿轮转 6 圈，乙齿轮转 5 圈，丙齿轮转 12 圈。

方程

使用文字的算式

● 表示数或量的算式

铁丝每米重80克，每条铁丝的长度都不一样。

想一想，用什么算式可以表示不同长度的铁丝的质量呢？

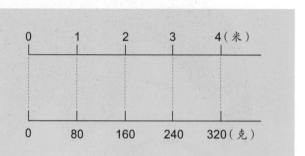

1米的质量 × 长度 = 总质量

用1米、2米、3米、4米、□米表示丝长度的话，下列算式可以算出铁丝的质量。

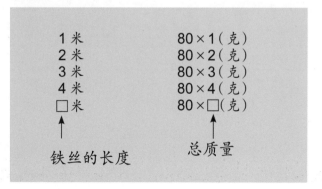

1米	80×1（克）
2米	80×2（克）
3米	80×3（克）
4米	80×4（克）
□米	80×□（克）

铁丝的长度 　　　　总质量

用△表示总质量，铁丝长度和质量的关系可以写成右上表。

$$80 \times \square = \triangle$$

如果用 a 表示铁丝长度，用 b 表示铁丝的质量，那么，铁丝的长度与质量的关系可以写成下列的算式。

$$80 \times a = b$$

1米的质量 × 长度 = 总质量

80	×	□	=	△
80	×	a	=	b

计算速度的公式

距离 ÷ 时间 = 速度

综合测验

①在重 0.2 千克的袋子内装入 a 千克的米，请用算式写出它的总重。

②a 米的缎带平均分给 3 个人，每人得 b 米，请写出算式。

③距离为 a 千米，花费的时间为 c 小时，汽车的时速为 45 千米，请用算式写出距离怎么算。

综合测验答案：① 0.2+a；② $a \div 3 = b$；③ $45 \times c = a$。

4 小时走完 120 千米距离的汽车时速，可以画成下图。

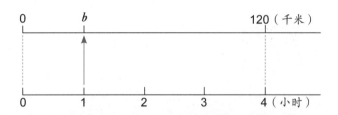

$120 \div 4 = b$

我们可以用 a 千米代表距离、c 小时代表时间、b 千米代表汽车的时速，要算出时速 b，可以写成如下：

$a \div c = b$

整　理

用 a、b、c 这些字母代表各种数量，就可以代替各种数目，就可以很简单地表示出数量间的关系。

例如：

- $80 \times a = b$
- $a \div b = c \rightarrow a \div c = b$

◉ 找出一定的数字，使用文字算式代替

1. 从多边形的某个顶点处画对角线，可以将多边形分成几个三角形呢？

依四边形、五边形、六边形的顺序看一看吧！

把顶点的数目与三角形的数目列成表来比较看一看吧。

a 表示顶点的数目、b 表示三角形的数目，那么算式应该怎么写才对呢？

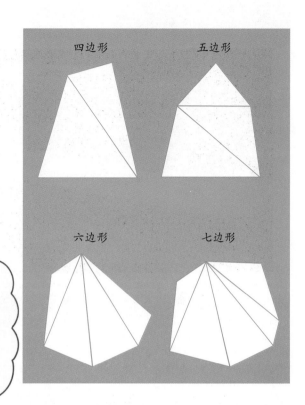

四边形　　五边形

六边形　　七边形

每种多边形可以被分成几个三角形，可以由下面的图表看出。

三角形　　　四边形　　　五边形　　　六边形　　　七边形

 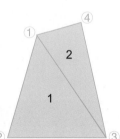 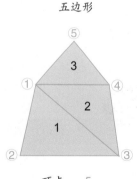 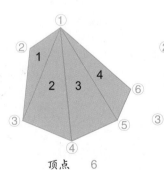 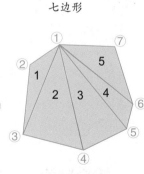

顶点　3　　顶点　4　　顶点　5　　顶点　6　　顶点　7
三角形 1　　三角形 2　　三角形 3　　三角形 4　　三角形 5

用 a 表示顶点数目、b 表示三角形数目，可以整理成下表。

三角形顶点的数目为3，四边形的顶点数目为4。

	三角形	四边形	五边形	六边形	七边形
顶点数目（a）	3	4	5	6	7
三角形的数目（b）	1	2	3	4	5

三角形的数目都比顶点数目还少 2 哦！

用 a 表示顶点数目、b 表示三角形数目，b 永远比 a 少 2，因此，我们可以使用下列的文字算式。

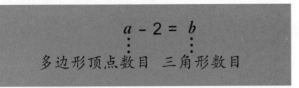

$$a - 2 = b$$

多边形顶点数目　三角形数目

a↓　　b↓

三角形　$3 - 2 = 1$

六边形　$6 - 2 = 4$

用这个算式就可以算出来了。

2. 三角形的形状无论怎么改变，内角和永远是 $180°$。

角 A + 角 B + 角 C = $180°$

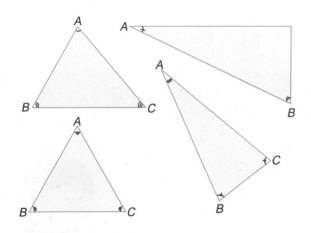

综合测验

①请算出从八边形的顶点画对角线，可以将八边形分成几个三角形？

②请算出八边形的内角和是多少度。

综合测验答案：① 6；② $1080°$。

四边形或五边形的对角线可以将四边形或五边形分成数个三角形。

因为从多边形顶点画出的对角线能将多边形分成数个三角形，所以我们便能据此算出多边形内角的和。

用 c 表示 a 边形的内角和，计算的算式如下：

$180 ×$ 三角形的数目 $= a$ 边形的内角和

180　　　$a - 2$　　　c

$$180 × (a - 2) = c$$

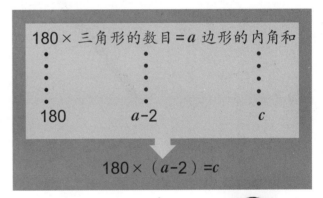

这样我就能算出四边形、五边形的内角和了。

四边形、五边形的内角和分别是 $360°$ 和 $540°$。

整　理

（1）文字算式或使用○、△的算式，用 a、b 来表示，简单明了。

（2）文字算式中的文字可以表示各种数字。

使用 x 的算式

● $x+150=270$ 的 x 的求法

◆使用 x 写出算式，并求出 x。

1. 小英到文具店买了一本？元的笔记本和一支15元的毛笔，她一共付了27元，请问一本笔记本多少钱呢？

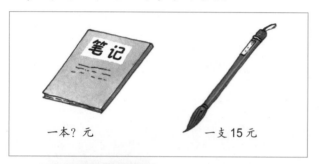

一本？元　　　一支15元

我们用 x 元代替笔记本的价格，利用 x 来算一算这道题吧！

首先，按照题目内容写出算式。

笔记本和毛笔的价格，及总价之间的关系，可以写成右上方的算式：

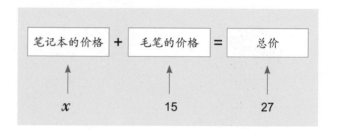

| 笔记本的价格 | + | 毛笔的价格 | = | 总价 |

x　　　　15　　　　27

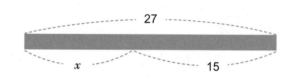

27

x　　　　15

利用 x 代替以上例子中的○、△、□、a、b。

整理成下面的完整算式：

$$x+15=27$$

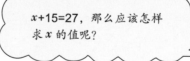

$x+15=27$，那么应该怎样求 x 的值呢？

$x+15=27$

这个算式可依下列方式求出 x。

$x=27-15$

$x=12$

答：笔记本的价格是12元。

这个题目是依照下列的想法计算出来的。

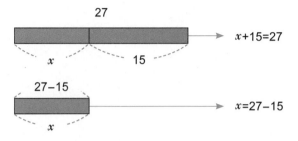

27

$x+15=27$

x 15

27-15

$x=27-15$

x

2. 小美正在看童话故事书。

到今天为止她已经看完 85 页，还剩下 35 页没看。

请问这本童话故事书总共有多少页？

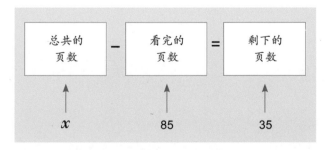

这道题是求什么呢？

当然是求童话故事书一共有多少页嘛！

用 x 页表示全书的总页数，本问题可以写成下列算式：

总共的 页数	−	看完的 页数	=	剩下的 页数
↑		↑		↑
x		85		35

综合测验答案：① 0.2+x=12.5 x=12.3（千克）；② x-45=27 x=72（元）。

使用 x 写成算式，求出 x 的正确得数就能解答问题。

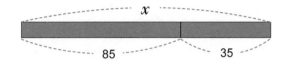

x

85 35

用 x 页当这本童话故事书的总页数，可以写成下面的算式。

计算的方法如下：

$$x - 85 = 35$$

$x=35+85$

$x=120$

答：这本童话故事书一共有 120 页。

这个算式中 x 的求法，其实就是：已知看完的和没看完的页数，已看完的页数和没看完的页数的和，就是整本书的页数。

综合测验

请使用 x 求出解答。

① 0.2 千克的袋子内装进米以后变成了 12.5 千克。

请问装进了多重的米？

② 小华的身上有一些零用钱。他买了 45 元的画具，还剩下 27 元。

请问他原来有多少元零用钱？

● $x \times 5 = 40$ 的 x 求法

◆使用 x 写出算式，并求出 x 的得数。

1. 右边有1个高5厘米、面积40平方厘米的平行四边形，请问它的底有多长？

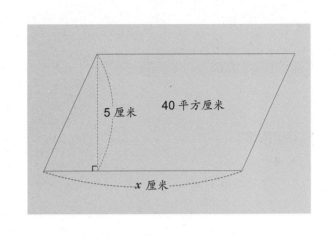

用5、40、x 来求平行四边形的面积，可以写成下列的算式。

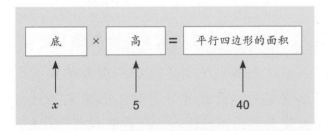

$$x \times 5 = 40$$

$x \times 5 = 40$ 的算式，可用下列的方法算出 x 所代表的数。

$x \times 5 = 40$

$\quad x = 40 \div 5$

$\quad x = 8$

　　　答：平行四边形的底有8厘米。

※ 计算正确吗？

$x \times 5$ 的 x 得数是8，让我们用8代替 x 算一算看是不是正确。

$8 \times 5 = 40$

没错，$x = 8$ 是完全正确的。

因此，我们可以知道，在 $x \times 5 = 40$ 的算式中，要求出 x 的值，用除法 $x = 40 \div 5$ 来计算就对了。

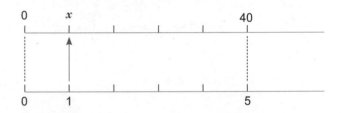

x 的5倍是40，那么40除以5就可以求出 x 的值了。

※ 其他问题是不是也可以用除法来计算呢？

小英买了7支同样价格的铅笔，花了280元，那么，一支铅笔是多少元钱？

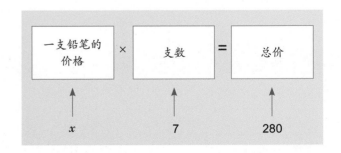

$x \times 7 = 280$

$x = 280 \div 7$

$x = 40$

答：一支铅笔的价格是 40 元。

※ 计算正确吗？

用 40 代替 x，放进算式中算一算是不是正确。

$40 \times 7 = 280$，所以 $x = 40$ 是正确的。

2. 小华有一些彩纸，平均分给 5 个人，每人各分到 32 张。

请问小华原来有多少张彩纸？

用 x 张表示原来彩纸的张数，可以写成下列的算式。

综合测验

请用 x 算式计算下面两题的答案。

① 买一打铅笔花了 480 元。请问一支铅笔多少钱呢？

② 某一数字除以 15 的商是 27，请问这个数字是多少？

综合测验答案：① $x \times 12 = 480$ $x = 40$（元）；② $x \div 15 = 27$ $x = 405$。

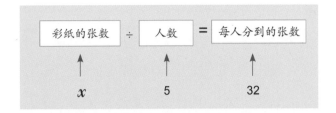

本题可以用下面的算式计算。

$$x \div 5 = 32$$

x 张平均分为 5 份，每份 32 张，因此，32 的 5 倍就是 x 张。我们可以用下列方法求出 x。

$x \div 5 = 32$

$x = 32 \times 5$

$x = 160$

答：小华原来有彩纸 160 张。

整　理

（1）计算问题的时候，不知道的数字用 x 代替，然后再求出 x 值。

（2）x 可以用下列方法求出。

$x + a = b \rightarrow x = b - a$

$x - a = b \rightarrow x = b + a$

$x \times a = b \rightarrow x = b \div a$

$x \div a = b \rightarrow x = b \times a$

● 20 × 30 × x = 12000 的 x 求法

◆ 请使用 x 求出答案。

1. 有一个水箱，内侧长为 30 厘米，宽为 20 厘米，深为 25 厘米，内装 12 升的水。请问水深有多少厘米？

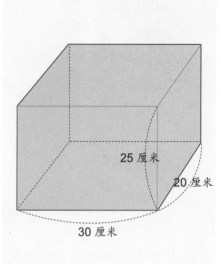

用 x 厘米表示水深，写成下列算式。

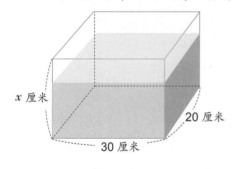

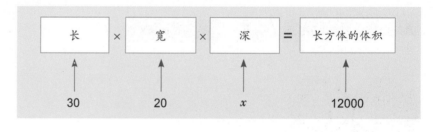

水深为 x 厘米，写成下列的算式。

$$30 × 20 × x = 12000$$

由左到右依顺序计算，20 × 30 = 600，因此上面的算式是 600 × x = 12000，很快就可以算出得数哦！

用下面的计算方法求出 x。

$$30 × 20 × x = 12000$$
$$600 × x = 12000$$
$$x = 12000 ÷ 600$$
$$x = 20$$

答：水深有 20 厘米。

2. 小雄买了几块蛋糕，每块蛋糕 8 元。用盒子装起来，盒子的费用是 5 元，因此小雄总共付了 53 元。请问小雄买了几块蛋糕？

由总费用减掉盒子钱，剩下的就是买蛋糕花的钱。

蛋糕 x 块的价钱→ 53−5

用 x 表示蛋糕的数量，可以画出下图。

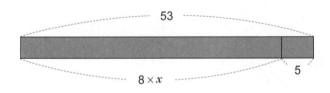

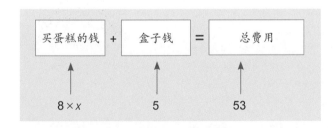

综合测验

（1）请求出 x 的答案。

① $13 \times x = 78$

② $x \times 8 + 5 = 61$

（2）把 6 罐同重的罐头放进 300 克的盒子内，总重 3 千克。

请问一个罐头重多少千克。

再写成下列算式。

$$8 \times x + 5 = 53$$

用下面的方法算出 x。

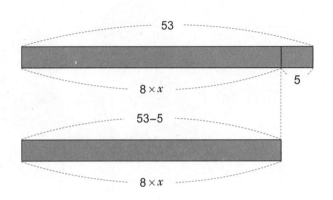

$8 \times x + 5 = 53$

$8 \times x = 53 - 5$

$8 \times x = 48$

$x = 48 \div 8$

$x = 6$（块）

答：小雄买了 6 块蛋糕。

把 6 放进 $8 \times x + 5$ 的算式内替换 x，再算一算，$8 \times 6 + 5 = 53$，因此上面的计算方式完全正确。

整　理

可以用更简单的方法求出 x。

$20 \times 30 \times x = 12000$

$600 \quad \times x = 12000$

$（30 + x）\times 4 = 200$

$30 + x \qquad = 50$

综合测验答案：（1）① $x = 6$；② $x = 7$。（2）$x \times 6 + 0.3 = 3$　$x = 0.45$（千克）。

43

● $8 × x ÷ 2 = 28$ 的 x 求法

◆ 请使用 x 求出得数。

1. 底边为 8 厘米、面积为 28 平方厘米的三角形，高是几厘米？

用 x 表示高，应用三角形面积的公式写出算式。

三角形的面积 = 底 × 高 ÷ 2。

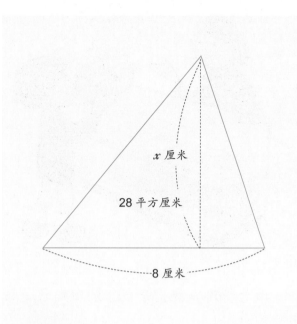

x 厘米

28 平方厘米

8 厘米

让我们把数字替代进公式里。

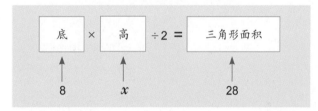

| 底 | × | 高 | ÷ 2 = | 三角形面积 |

8   x 28

应该怎么求 x 的值呢？

$$8 × x ÷ 2 = 28$$

$8 × x$ 当成一个整体□，那么□ ÷ 2 = 28 哦！

我想通了，用 $8 × x$ 表示□，□ = $28 × 2 = 56$，也就是说 $8 × x = 56$。

三角形的面积等于底与高相同的平行四边形的面积的 $\frac{1}{2}$，因此下面 ▨ 内相当于平行四边形的面积。

底 × 高 ÷ 2 = 三角形的面积

所以，

$8 × x$ 是平行四边形的面积：

$8 × x = 28 × 2$。

※ 用下列方法求出 x 的值。

$$8 × x ÷ 2 = 28$$
$$8 × x = 28 × 2$$
$$8 × x = 56$$
$$x = 56 ÷ 8$$
$$x = 7$$

答：高是 7 厘米。

2. 下图长方形 $ABCD$ 的面积是 240 平方厘米。

请问线段 FD 的长度是多少？

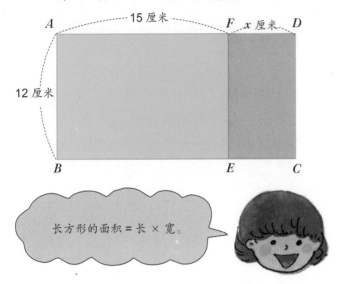

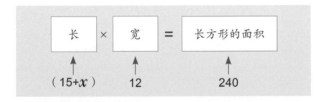

长方形的面积 = 长 × 宽。

◆ 用 x 厘米表示线段 FD 的长度，写成算式看一看。

用 x 厘米表示线段 FD 的长度，可以写成如下的算式。

长	×	宽	=	长方形的面积
↑		↑		↑
$(15+x)$		12		240

$(15+x) \times 12 = 240$

综合测验

请求出 x 的值。

① $x \div 9 \times 7 = 63$

② $(x-19) \div 18 = 3$

③ $360 \div (14+x) = 15$

④ $420 \div (x-30) = 7$

⑤ $18 \times 4 \div x = 9$

综合测验答案：① $x=81$；② $x=73$；③ $x=10$；④ $x=90$；⑤ $x=8$。

用下列方法求出 x 值。

$$(15+x) \times 12 = 240$$
$$15+x = 240 \div 12$$
$$15+x = 20$$
$$x = 20 - 15$$
$$x = 5$$

答：FD 的长度为 5 厘米。

将 FD 的长度当成 x 厘米，也能算得出来哦！

想一想

我们再把边 AD 的长度用 x 表示，计算看一看吧！

$$12 \times x = 240$$
$$x = 240 \div 12$$
$$x = 20$$
$$FD \text{ 的长度} = 20 - 15 = 5 \text{（厘米）}$$

答：FD 的长度为 5 厘米。

整　理

使用 x 的算式，可以用下列几种方法求出 x。

$a - x = b \rightarrow b + x = a$

$a \div x = b \rightarrow b \times x = a$

用下列算式表示更容易理解。

$x + a = b$ 　 $x - a = b$

$x \times a = b$ 　 $x \div a = b$

巩固与拓展

整 理

1. 利用文字将数量的关系以算式表示出来。

（1）利用 a、b、c 等字母来代替□、△、○，并写成算式。

把路程表示为 a，时间表示为 b，速度表示为 c。

路程的求法是：$a=c \times b$

速度的求法是：$c=a \div b$

● 在这种情况下，不论路程、速度或时间是多少，都可以用同样的算式表示。

（2）利用 a、b 等字母来写公式，求出多边形的各角和。

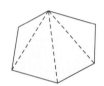

多边形的内角和，是由多边形可以划分成几个三角形来决定的。

试一试，来做题。

1. 盒子里有红色和白色两种纽扣，如果从盒子里取出 10 颗纽扣，其中取出的红色纽扣的颗数表示为 a，白色纽扣的颗数表示为 b，请写出算式表示红色、白色两种纽扣的数量关系。

2. 利用 a、b、c 写出算式，求出下图中平行四边形的面积。

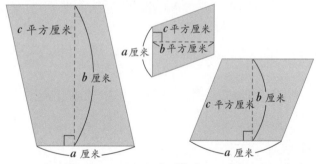

3. 利用 a、b 写出算式，表示下列各题的数量关系。

（1）父亲的年龄（a 岁）和儿子的年龄（b 岁）相差 25 岁。

（2）面积为 48 平方厘米的长方形长（a 厘米）和宽（b 厘米）的关系。

（3）苹果的单价为 1.5 元，苹果的数量（a 个）和总价（b 元）的关系。

如果多边形划分成 2 个三角形，多边形的内角和是：180°×2=360°。

如果多边形划分成 3 个三角形，多边形的内角和是：180°×3=540°。

如果用字母来表示，把多边形的边数表示为 a，多边形的内角和表示为 b，公式便是 180°×（$a-2$）=b。

2. 应用 x 的算式

（1）在算式中应用 x 表示未知的数。

有数支铅笔，平分给 4 人，每人分得 5 支，如果求全部的铅笔数，可以写出除法的算式

$x÷4=5$，并求得：$x=5×4$。

（2）x 的求法

求 x 时，可以按照下列的方法计算。

- $x+a=b$ ➡ $x+\overset{0}{\boxed{a-a}}=b-a$ ➡ $x=b-a$
- $x-a=b$ ➡ $\boxed{x-a+a}=b+a$ ➡ $x=b+a$

- $x×a=b$ ➡ $x×\overset{1}{\boxed{a÷a}}=b÷a$ ➡ $x=b÷a$
- $x÷a=b$ ➡ $\boxed{x÷a×a}=b×a$ ➡ $x=b×a$

- $a+x=b$ ➡ $x=b-a$
- $a-x=b$ ➡ $x=a-b$
- $a×x=b$ ➡ $x=b÷a$
- $a÷x=b$ ➡ $x=a÷b$

4. 把未知数表示为 x，并用算式写出下列各题。

（1）笔记本的单价是若干元，买了 8 本，总共花了 56 元。

（2）公园里有许多小朋友，走了 8 人后，还剩下 11 人。

（3）小朋友一共有若干人，每 7 人为 1 组的话可以分成 6 组。

5. 笔记本的单价是 7 元，买了若干本，总共花了 35 元。买了几个笔记本？利用 x 写出算式并求得答案。

6. 蛋糕每块 12 元，买了若干块蛋糕并用 7 元的盒子包装，总共花了 127 元。

到底买了几块蛋糕？利用 x 写下算式并求出答案。

答案：1.$a+b=10$。2.$a×b=c$。3.（1）$a-b=25$；（2）$a×b=48$；（3）$1.5×a=b$。4.（1）$x×8=56$；（2）$x-8=11$；（3）$x÷7=6$。5.$7×x=35$　$x=5$（本）　6.$12×x+7=127$　$x=10$（块）

解题训练

利用文字写出算式

1 小明的父亲每天早上从家里步行到离家960米的车站。如果时间太晚，小明的父亲便跑步到车站。写出算式表示小明的父亲每分钟步行的速度（a米）和所需时间（b分钟）的关系。

◀ **提示** ▶
利用求速度的算式。

解法 跑步所需的时间较少，步行所需的时间较多，路程却不改变。

路程为960米，若每分钟步行60米，则所需时间是：
$960 \div 60 = 16$（分钟）。

路程为960米，若每分钟步行80米，则所需时间是：
$960 \div 80 = 12$（分钟）。

路程为960米，若每分钟步行120米，则所需时间是：
$960 \div 120 = 8$（分钟）。

$$960 \div a = b$$

答：每分钟步行的速度和所需时间的关系为：
$960 \div a = b$ 或 $a \times b = 960$。

利用文字写出算式

2 参考下列各图，并利用文字写出算式来表示计算的规则。

（1）

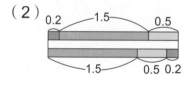

（2）

（3）

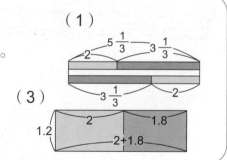

◀ **提示** ▶
想一想，使用□、○的算式是什么形式？

解法 （1）、（2）、（3）的计算方式和整数的计算规则相同。以前我们已学过□、○的使用方法。现在则用 a、b、c 来代替□、○、△。

答：（1）□ + ○ = ○ + □ → $a + b = b + a$

■ 应用 x 的算式与
　求解 x 的应用题

（2）$(\square + \bigcirc) + \triangle = \square + (\bigcirc + \triangle) \rightarrow (a+b) + c = a + (b+c)$

（3）$(\square + \bigcirc) \times \triangle = \square \times \triangle + \bigcirc \times \triangle \rightarrow (a+b) \times c = a \times c + b \times c$

3 笔记本的单价是若干元，买了 8 个笔记本和 4 支圆珠笔，总共花了 48 元，圆珠笔的单价和笔记本的单价相同。笔记本的单价是多少钱？

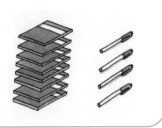

◀ 提示 ▶
写出算式表示笔记
本总价与圆珠笔总
价的和。应用计算
的规则。

解法 把笔记本的单价和圆珠笔的单价都表示为 x 元，则：

笔记本总价 + 圆珠笔总价 = 总价 48 元

　　↓　　　　　　↓

　$\boxed{x \times 8}$　　　$\boxed{x \times 4}$

　$x \times (8+4) = 48$　　$x = 48 \div (8+4) = 48 \div 12 = 4$

其他解法：因为笔记本的单价和圆珠笔的单价相同，所以可以把所买的文具当成同一类，算式写成：$x \times (8+4) = 48$。

答：笔记本的单价是 4 元。

■ 应用 x 的算式与
　求解 x 的应用题

4 糖果罐里有若干颗糖果。昨天吃了 10 颗，然后把剩余的平分给 4 人，每人可以分得 7 颗，还剩下 2 颗。糖果罐里原来有多少颗糖果？

◀ 提示 ▶
按照前后顺序仔细
想一想。

解法 把原来的糖果数表示为 x 颗。4 人平分的糖果总数是：$x-10$，平分的人数是 4 人，每人分得 7 颗，剩余 2 颗。

将上述情形列成算式：　$\boxed{(x-10) \div 4 = 7+2}$

把 4 人平分的糖果总数 $x-10$ 表示为□，上述的算式便成为：

　　$\square \div 4 = 7+2$　　　　因为□$=x-10$，所以，

　　$\square = 7 \times 4 + 2$　　　　$x-10 = 30$

　　　$= 30$　　　　　　　　$x = 40$

答：糖果罐里原来有 40 颗糖果。

加强练习

1. 贵的手帕的价格是每条 *a* 元，便宜的手帕的价格是每条 *b* 元。贵的手帕单价是便宜的手帕单价的 4 倍，但在促销的时候，所有的商品都是半价。

如果利用算式把上述的情形表示出来，下列哪个式子最为恰当？

① $a \div b \div 2 = 4$

② $a \div 4 = b \div 2$

③ $(a \div 2) \div 4 = b \div 2$

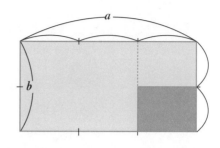

2. 右上图是 1 个长方形，如果把长方形的长 *a* 分为 3 等份，宽 *b* 分为 2 等份，可以划分为 6 个小长方形。利用 *a*、*b* 写出算式表示小长方形的面积（■ 部分的面积）。

3. 求下列各算式中的 *x* 值。

（1） $x \times 10 - 2 \times 10 = 100$

（2） $(75 - x) \times 4 + 3 = 63$

（3） $x \times 4 + x \times 5 - 10 = 44$

（4） $51.2 \times x - 11.2 \times x - 50 = 70$

解答和说明

1. 首先写出算式表示 *a* 元为 *b* 元的 4 倍。$a \div 4 = b$（或 $b \times 4 = a$，$a \div b = 4$）。因为 *a* 元和 *b* 元都成为半价，所以是（$b \div 2$）、（$b \div 2$）。

答案：③。

2. 长方形的面积 = 长 × 宽。■ 部分的宽 = $a \div 2$，长 = $b \div 3$，所以，■ 的面积 = $(a \div 2) \times (b \div 3)$。

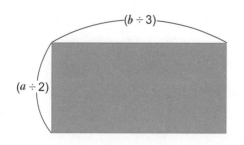

答：■ 的面积 = $(a \div 2) \times (b \div 3)$ 或 $a \times b \div 2 \div 3 = a \times b \div 6$。

其他解法：

大长方形的面积 = $a \times b$。如果把 *a* 分为 2 等份，*b* 分为 3 等份，■ 的面积 = $(a \times b) \div 2 \div 3 = (a \times b) \div 6$。所以 ■ 的面积是大长方形面积的 $\frac{1}{6}$。

3.（1）、（2）中的括号或乘法部分可以当作 1 个数看待，利用逆运算的方式求出 *x*。

（3）、（4）可以依照计算的规则，并利用括号将算式整理，然后采用逆运算的方式求出 *x*。

答案：（1）12；（2）60；（3）6；（4）3。

4.

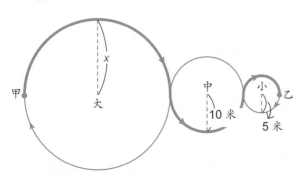

运动场上有大、中、小 3 个圆。从甲点沿着粗线部分走到乙点，然后从乙点沿着细线部分走回甲点，总共走了 219.8 米。利用 x 把上述情形写成算式，并求出大圆的半径。

5. 小英买了 8 包彩纸和 6 包图画纸。彩纸 1 包 7 元，图画纸 1 包 5 元。两种纸每买 1 包都可以便宜 x 元，结果小英总共花了 79 元。

每 1 包可以便宜多少钱？利用 x 写出算式并求得数。

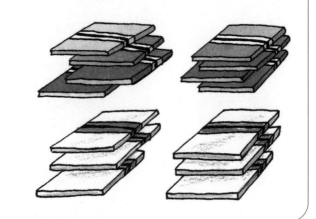

4. 从甲点出发沿着圆周步行，最后又回到甲点，等于在 3 个圆周上各绕了 1 圈。

3 个圆的周长和是

$x \times 2 \times 3.14 + 10 \times 2 \times 3.14 + 5 \times 2 \times 3.14$。

依照计算的规则可以把算式改成：

$(x+10+5) \times 2 \times 3.14$，则：

$(x+10+5) \times 2 \times 3.14 = 219.8$

$x = 20$

答：大圆的半径为 20 米。

5. 如果没有便宜，纸张的全部价钱 $= 7 \times 8 + 5 \times 6$（元）。便宜的纸包总数 $= 8 + 6 = 14$（包），所以，便宜的总额 $= x \times 14$（元）。用全部的价钱减去便宜的总额等于 79 元，列算式为：$7 \times 8 + 5 \times 6 - x \times 14 = 79$，$x = 0.5$（元）

答：每 1 包可以便宜 0.5 元。

应用问题

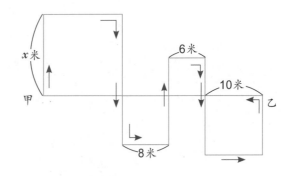

1. 上图有 4 个正方形。按照箭头的方向从甲点沿着正方形的周围步行到乙点，然后由乙点循直线走回甲点，总共步行了 152 米。

x 的长是多少米？

答案：

$x \times 4 + 8 \times 4 + 6 \times 4 + 10 \times 4 = 152$

$x = 14$（米）

图形的智慧之源

从反面思考的算术

请你试一试怎么走出下面的两座迷宫。

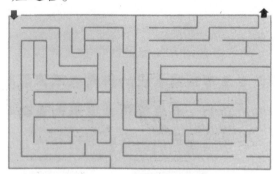

怎么样？你是不是已经通过了呢？

◆怎样通过迷宫？

某处儿童乐园有一座用树墙做成的迷宫，离迷宫不远的地方有一座瞭望台，从瞭望台上可以很清楚地看到在迷宫里走的人。因此台上的人常常会大叫："不行，往那边走就没路啦！"或"对对对，从那儿往右转就可以通过了。"但是走在迷宫里的人却弄不清楚自己走的路是对的还是错的。

用铅笔在纸上画走出迷宫的路线时，也是同样的。走到岔路的时候，最好先停下来，看一看应该怎么走才不会碰到死胡同，这样才能很快地从入口走到出口。

◆从出口反方向走回入口

普通的迷宫都是从入口走到出口，越往前走越会碰到许许多多的岔路和死路。

但如果改变我们一贯的思维方式，从出口出发再从入口出去，就能发现新的或更快的路径了。不过，绘制迷宫的人有时也会防备这一点，他们会特意从出口往内也画一些分岔道路。

◆从反面来思考数学问题

> 20元的邮票和50元的邮票总共有30张，一共是1110元，请问50元的邮票有几张？

上面这个问题有点复杂，让我们跟下面这个问题做一个比较。

> 有50元跟20元的邮票，一共是1110元，其中20元的邮票有13张，请问50元的邮票有几张？

虽然上面两道题求解的是同一个问题，但第二题显然简单多了。因为第二题给出了一部分邮票张数。

再回头看第一题，我们可以用假设结论的方法利用算式解题。

◆用 x 写出算式

用 x 表示50元邮票的张数，20元邮票的张数为：$30-x$。

这个时候 x 可能是1，也可能是2。像这样从1到29的数字都能代替 x，可以自由地更换，就是文字算式最大的特征。

但是，50元邮票和20元邮票的张数已经分别设下假定，再加上全部的金额共计1110元的条件，那么 x 就不能自由地改变了。换句话说，一定要符合下列的算式才行。

$50 \times x$……50元邮票的金额

$20 \times (30-x)$……20元邮票的金额

合起来有：$50 \times x + 20 \times (30-x) = 1110$

$50 \times x + 600 - 20 \times x = 1110$

$30 \times x = 510$

$x = 17$

> 答：50元的邮票有17张。

用字母 x 表示未知数，然后再计算出 x，这么一来，问题就变得很简单了。

再看一看下面这个问题。

> 爸爸今年42岁，儿子12岁。爸爸的年龄刚好是儿子的4倍是在几年前？

距今年 x 年前，x 可以是任何一个数字，甚至可以推算到儿子出生的时间。但因为是距今 x 年前，所以应该符合下面的算式。

爸爸的年龄为：$42-x$

儿子的年龄为：$12-x$

爸爸的年龄为儿子的4倍，将 x 替代入算式内：

$42-x = (12-x) \times 4$

$42-x = 48 - x \times 4$

$x \times 3 = 6$

$x = 2$（年）

答：2年前爸爸的年龄刚好是儿子的4倍。

使用 x 把问题内的数字关系整理成一个等式的方法叫作方程解题。让我们用 x 来计算更多更难的习题吧！

数字的智慧之源

4 个 4=

　　100 年前，有人想出了用 4 个 4 来表示数字的游戏，这种游戏就叫"4 个 4="，让我们举例来说明。

6、7 的部分有□，请你仔细计算后填入最恰当的记号吧！

0 ＝44－44

1 ＝44÷44

2 ＝4÷4+4÷4

3 ＝（4+4+4）÷4

4 ＝4+4×（4−4）

5 ＝（4×4+4）÷4

6 ＝（4□4）□4□4

7 ＝4□4□4□4

8 ＝4+4+4−4

9 ＝4+4+4÷4

10＝（44−4）÷4

　　这种"4 个 4="游戏非常流行，也有很多人想出 3 个或 5 个的计算方法。于是除了 4，1、2、3 的游戏也被人想出来了。有些人还会拿自己的电话号码做试验呢！

　　我们再举出"4 个 3="的例子看一看。

0 ＝33−33

1 ＝33÷33

2 ＝3÷3+3÷3

3 ＝3+3×（3−3）

4 ＝（3×3+3）÷3

5 ＝（3+3）÷3+3

6 ＝3+3+3−3

7 ＝3+3+3÷3

8 ＝33÷3−3

9 ＝3×3+3−3

10＝3×3+3÷3

　　也可以使用小数，例如，.3，也就是 0.3，用 4 个 3 表示 11 的时候，写成：

11＝3÷.3+3÷3

　　前面"4 个 4="中□部分的解答是这样的：

6=（4+4）÷4+4

7=4+4-4÷4

步印童书馆 编著

北京市数学特级教师 丁益祥
北京市数学特级教师 司 梁
『卢说数学』主理人 卢声怡

力联
荐袂

小牛顿
数学分级读物

第五阶 2 小数及小数计算

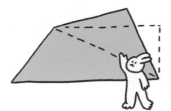

中国儿童的数学分级读物
培养有创造力的数学思维

讲透原理 → 系统进阶 → 思维转换

电子工业出版社.

Publishing House of Electronics Industry

北京·BEIJING

图书在版编目（CIP）数据

小牛顿数学分级读物. 第五阶. 2, 小数及小数计算 /
步印童书馆编著. -- 北京：电子工业出版社, 2024.6
ISBN 978-7-121-47693-8

Ⅰ. ①小… Ⅱ. ①步… Ⅲ. ①数学 – 少儿读物 Ⅳ.
①O1-49

中国国家版本馆CIP数据核字(2024)第074952号

特别鸣谢本书组稿策划人郑利强先生。

责任编辑：赵　妍　季　萌
印　　刷：当纳利（广东）印务有限公司
装　　订：当纳利（广东）印务有限公司
出版发行：电子工业出版社
　　　　　北京市海淀区万寿路173信箱　邮编：100036
开　　本：889×1194　1/16　印张：19.25　字数：387.6千字
版　　次：2024年6月第1版
印　　次：2024年6月第1次印刷
定　　价：120.00元（全6册）

凡所购买电子工业出版社图书有缺损问题，请向购买书店调换。若书店售缺，请与本社发行
部联系，联系及邮购电话：（010）88254888，88258888。

质量投诉请发邮件至zlts@phei.com.cn，盗版侵权举报请发邮件至dbqq@phei.com.cn。

本书咨询联系方式：（010）88254161转1860，jimeng@phei.com.cn。

小数及其
计算

小数的加法、减法

小数的加法

小数的加法该怎么计算呢？想一想以前所学的知识。

● 1.32+0.6 的计算

在 1.32 千克的银杯中，放进 0.6 千克的黄金后，总共重多少千克呢？

● 列出算式

首先，仔细想一想问题，再列出算式来。

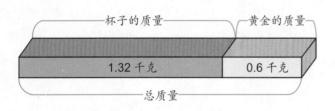

杯子的质量	黄金的质量
1.32 千克	0.6 千克

总质量

总质量是指银杯的质量和黄金质量的总和，也就是银杯的质量加上黄金的质量，因此算式就列成：

$$1.32+0.6$$

● 计算的方法

现在我们知道，要求出总质量时，必须列出 1.32+0.6 的算式，让我们赶快来算一算吧！

好，得数是 1.38 千克。

咦？好奇怪哦，我算出来的是 1.92 千克呀！

小强的计算	小玉的计算
1.32	1.32
+ 0.6	+ 0.6
1.38	1.92

哦，为什么得数不一样呢？到底谁对呢？

● 以数线来表示

利用数线来表示 1.32+0.6，并求出得数。

从数线的表示法中，检查两人的计算，可以发现正确的得数应该是从 1.32 往右移 0.6 的数，即 1.92，因此，小玉的计算才是对的。

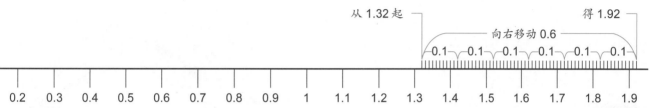

从 1.32 起　　　　　　　　　　得 1.92
向右移动 0.6
0.1　0.1　0.1　0.1　0.1　0.1

0.2 0.3 0.4 0.5 0.6 0.7 0.8 0.9 1 1.1 1.2 1.3 1.4 1.5 1.6 1.7 1.8 1.9

● 笔算的方法

我们已经知道得数是 1.92 了。现在我们再来比较一下两人的计算方法，并想一想笔算的方法。

132+6 的计算方法

$$
\begin{array}{r}
1\ 3\ 2 \\
+\quad\ 6 \\
\hline
\end{array}
$$

1.32+0.6 的计算方法

$$
\begin{array}{r}
1.3\ 2 \\
+\quad 0.6 \\
\hline
\end{array}
$$

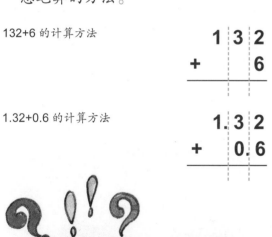

和整数的计算方法一样，把最右边的数字对齐来计算的，但是……

好奇怪哦！整数的加法应该是把数位对齐来计算的。

$$
\begin{array}{r}
1\ 3\ 2 \\
+\quad\ 6 \\
\hline
\end{array}
$$

百位　十位　个位

在整数的加法中，必须像上面的算式一样对齐数位。但是，小强在计算时把最右边的数位对齐了，反而没有对齐相同数位。

小数的计算，也和整数的计算方法相同，一定要对齐每一个数位。

◆ 把 1.32+0.6 的每一个数位拆开看一看。

把它们的数位分别拆开，结果如下：

1.32	→ 1 + 0.3 + 0.02
0.6	→ 0.6
1.32 + 0.6	→ 1 + 0.9 + 0.02
	= 1.92

7

◆ **列出竖式来。**

列出的竖式如下。小数点对齐了，数位就对齐了。计算方法和整数加法的计算方法就是一样的。

和的小数点也要对齐两个加数的小数点。

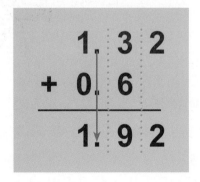

※ **学习成果**

小数的加法和整数加法的计算方法一样，也要对齐数位来计算。

这时，一定要将两个加数的小数点对齐，小数点对齐了，数位也就对齐了。

和的小数点也必须和两个加数的小数点对齐。

◉ **16.8+9.68 的算法**

有一根 16.8 厘米的木棒。如果把这根木棒接上另一根 9.68 厘米的木棒而不重叠，会变成多长的木棒呢？

● **列出算式**

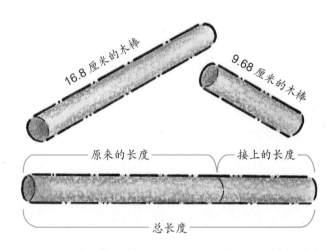

这个问题，就是计算 2 根木棒的总长度，因此要运用加法来计算。

列成算式就是：

16.8+9.68

● 笔算的方法

①

对齐数位。

②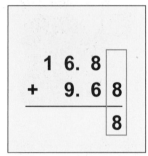

和整数的计算方法相同，从最末一位开始计算。

首先，由小数第二位算起，很简单，降下来还是8。

③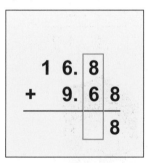

这一次，轮到小数第一位的计算了。

④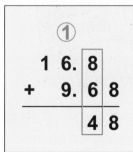

和整数的计算方法相同，8+6=14，因此小数第一位等于4，并且要向个位进1。

⑤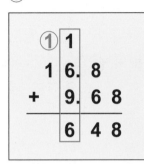

现在到了个位上的数的计算了。

$1+6+9=16$，个位上的数为6。

⑥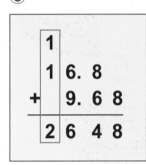

最后是十位上的数的计算。十位上的数为：进1再加上1等于2。

⑦

得数出来了。但是，小数点要放在哪里呢？

⑧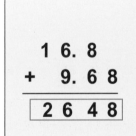

得数的小数点必须和两个加数的小数点对齐。因此，16.8+9.68=26.48。

小数的减法

小数的减法该怎么计算呢？是不是也和整数减法的计算方法相同呢？

通过下面的问题，我们来学习小数的减法。

● 2.37-1.2 的计算

有 2.37 千克的砂糖，用掉了其中的 1.2 千克之后，还剩下几千克呢？

● 列出算式

首先，我们来想一想问题，然后列出算式。

从原来的分量中用掉一些，分量应该会变少。你能不能估一下 2.37-1.2 大约得多少？

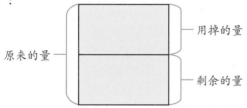

算式列成：

$$2.37-1.2$$

● 计算方法

我们知道算式为：2.37-1.2。现在赶快算一算吧！

小强的计算	小芬的计算
2.37	2.37
- 1.2	- 1.2
2.25	1.17

计算的方法好像还是不一样。我们再用数线来检验一下吧。

● 以数线来表示

我们把 2.37−1.2 的算式，用数线来表示，并求出得数。

在数线上，2.37−1.2 为从 2.37 往左移 1.2 的数，即 1.17。

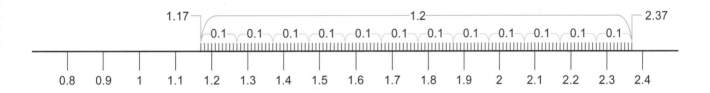

● 笔算的方法

我们已经用数线求出 2.37−1.2 的得数是 1.17。

现在，再来比较两人的笔算方法。

```
  2 3 7
−   1 2
```

我是利用和整数减法计算相同的方法，把右边的数对齐来计算的呀。

（2.37−1.2）

```
  2.3 7
−   1.2
```

那很奇怪哦，在整数的减法中，也应该对齐数位来计算。

整数减法的计算方法要对齐数位，小数减法的计算方法同样要对齐数位。

```
  2 3 7
−   1 2
─────────
 百 十 个
 位 位 位
```

◆ 把 2.37−1.2 的每一个位数拆开来。

数位分别拆开后如下：

$$2.37 \rightarrow 2 + 0.3 + 0.07$$
$$1.2 \rightarrow 1 + 0.2$$
$$2.37 - 1.2 \rightarrow 1 + 0.1 + 0.07$$
$$= 1.17$$

◆ 写成竖式来计算。

写成竖式如右。小数点一对齐，数位也就对齐了。

```
  2.3 7
− 1.2
─────────
 个 十 百
 位 分 分
    位 位
```

小数减法的计算方法和整数减法的计算方法相同，差的小数点要和被减数和减数的小数点对齐，因此，得数是 1.17。

```
  2.3 7
− 1.2
─────────
  1.1 7
```

※ 学习成果

小数减法的计算方法和整数减法的计算方法一样,必须对齐数位来计算。如果被减数和减数的小数点对齐,数位也就对齐了。差的小数点必须和被减数、减数的小数点对齐。

◎ 11.6−2.45 的计算

现在,我们要做下一个问题,必须把小数减法的计算方法牢牢记住哦。

有一条长 11.6 米的绳子,剪下 2.45 米来做跳绳,还剩下多少米?

● 列出算式

从 11.6 米剪下 2.45 米以后,绳子就变得比原来的长度短了。

要运用减法来计算,从原来的长度减去剪下的长度,算式列成:

$$11.6−2.45$$

怎样让"退位"减法变成"不退位"

6258 元

原来有 10000 元,买一台洗衣机花了 6258 元,请立刻算出还剩下多少元钱。

```
  10000
−  6258
```

写出竖式。虽然这个算式可以用心算来计算,却也很容易出错,无法马上算出来。

我们再想一想简单的算法吧。

10000 是 9990 加 10 的和。

我们就利用这个想法,以竖式重新来表示。

```
 ⑨ ⑨ ⑨ ⑩          ⑨ ⑨ ⑨ ⑩
 10000       ➡   − 6258
−  6258           3742
```

于是,3742 马上就出来了。

这个做法也可以使用在整数和小数的减法上。

现在,我们就利用这个方法,来计算 9−1.825 的结果。

首先,我们知道 9 是 8.99 加 0.01 的和。

和整数减法的计算方法一样,可用竖式来表示。

```
 ⑧ ⑨ ⑨ ⑩          ⑧ ⑨ ⑨ ⑩
    9         ➡   − 1.8 2 5
− 1.8 2 5          7.1 7 5
```

得数 7.175 立刻算出来了。

请你再试着计算以下几题。

1000−343	8−0.319
1000−419	9−0.4431
10000−5531	10−1.46
10000−2932	10−0.553

● 竖式计算的方法

①

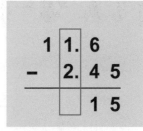

首先，把数位对齐。

②

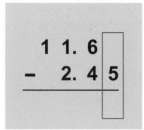

和整数减法的计算方法一样，必须从最低数位开始计算。

③

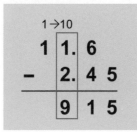

和整数减法的计算方法一样，从小数第一位借10之后，小数第二位就是10-5，等于5。

④

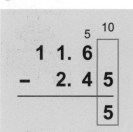

小数第一位被借走了1，因此变成5-4等于1。

⑤

个位上的数也必须从十位上的数借10。

⑥

个位上的数把借来的10加上1，再减去2，因此变成11-2，等于9。

⑦

十位上的数1被借走了，因此等于0，但这时的0可以省略。

⑧

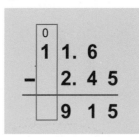
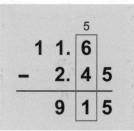

把上面的小数点对齐，差的小数点位置也相同，差等于9.15。

整　理

（1）小数的加法、减法的计算方法，也和整数的加法、减法的计算方法一样，必须把数位分别对齐后再计算。技巧是把小数点对齐，数位就对齐了。

（2）小数加法、减法计算结果的小数点，必须和两个加数或被减数、减数的小数点对齐。

乘以小数的计算

小数乘以小数的问题

◉ 列式方法

小数乘以小数的问题，是在什么时候使用的呢？让我们来想一想吧。

● 在 4.5 分钟内装入的水量

在大的水槽中装水，如果平均 1 分钟可以装进 2.4 升的水，那么 4.5 分钟可以装入几升的水？

> 如果 2 分钟和 3 分钟内装进的水量，可以用 2.4 升 ×2，2.4 升 ×3 来计算，那么 4.5 分钟内装入的水量，也可以用乘法来计算略？

1分钟	2分钟	3分钟	4.5分钟
2.4 升	2.4 升 ×2	2.4 升 ×3	2.4 升 ×4.5

1 分钟装入的水量 × 时间 = 装入的总水量

◆ **小美的想法**

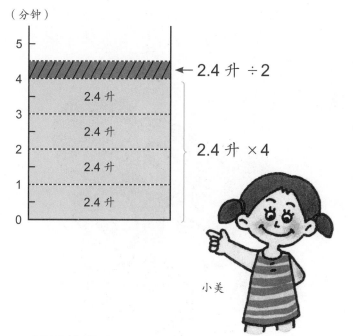

（分钟）

2.4 升 ÷ 2

2.4 升 × 4

小美

首先，我们知道在 4 分钟内装进的水量，等于 2.4 升 ×4。而 0.5 分钟内装进的水量，应该等于 1 分钟内装进的水量的一半，因此可以列成 2.4 升 ÷2。

于是，我们把算式加以整理，可以写成：

$$2.4 \times 4 + 2.4 \div 2$$

◆ **平平的想法**

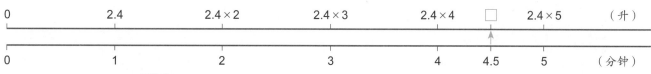

平平是使用数线来计算的。2 分钟时装入的水量是 2.4 升 ×2，3 分钟时装入的水量就变成 2.4 升 ×3，因此，4.5 分钟时装入的水量就列算式为：2.4 升 ×4.5。

◆ **大成的想法**

如果把 2.4 升当成原来的水量，2 分钟时，装入的水量就成了原来的 2 倍；3 分钟时，装入的水量就变成原来的 3 倍。因此，当 4.5 分钟的时候，装入的水量就可以用原来的 4.5 倍来计算，列成算式就是：

2.4 升 ×4.5

2 分钟时装入的水量→原来水量的 2 倍

3 分钟时装入的水量→原来水量的 3 倍

4.5 分钟时装入的水量→原来水量的 4.5 倍

2.4 升 ×4.5

大成

◆ **我们把三个人的想法再详细地理解**

首先，我们来计算小美所想的算式，$2.4 \times 4 + 2.4 \div 2$。这个算式并没有错，但是似乎稍显复杂，不容易计算。

在这个问题中，我们要求的是4.5分钟内装进的水量，因此可以列成$2.4 \times 4 + 2.4 \div 2$，如果现在我们要求4.3分钟内装进的水量，那么，又该如何来列算式呢？

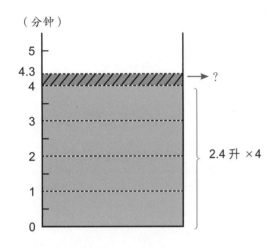

平平和大成所想的算式都是2.4×4.5。这样看起来似乎简单多了。

根据这种想法，如果要求4.3分钟内装进的水量，就可以列成2.4×4.3。

当我们在列算式的时候，最重要的是能够一看算式，就能马上了解这个算式代表的是什么样的问题。

平平和大成对于这个问题的看法，都是以1分钟内装进的水量（2.4升）为基本，再求出它的4.5倍，因此，列出的算式为：2.4升$\times 4.5$。

● **1.2 倍的体重**

大成的体重是31.5千克，他哥哥的体重是大成的1.2倍，那么他哥哥的体重是多少千克呢？

这时，我们就要以大成的体重31.5千克为标准来计算。

现在，我们也用数线来看一看。

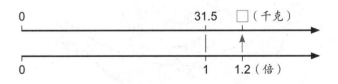

从数线中一看就明了，以大成的体重为标准，再算出他的体重的1.2倍，列成算式为：31.5千克$\times 1.2$。

只要以我的体重为标准，再乘以1.2倍，就是我哥哥的体重了。

● 0.8 倍的铁丝的质量

有一根长 1 米的铁丝，重 6.4 克。同样的铁丝如果长 0.8 米，应该有几克重？

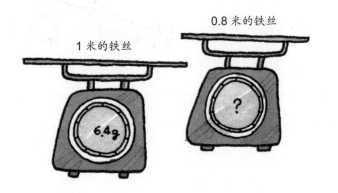

0.8 米比 1 米短，因此它的质量也应该比 6.4 克轻。

这时候，我们也可以画出数线来算一算。

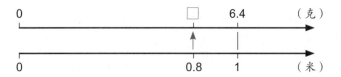

从数线上看，就可以很清楚地知道 0.8 米长的铁丝比 6.4 克轻。

以 6.4 为标准来比较，就可以算出 0.8 倍的大小了。列出的算式为：

6.4 克 ×0.8。

● 长方形的面积

长为 6.8 厘米，宽为 2.7 厘米的长方形的面积等于多少平方厘米？

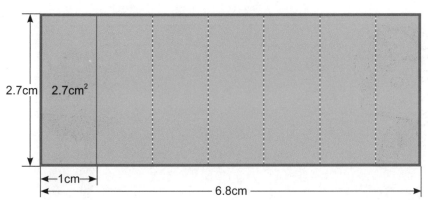

> 长方形的面积＝长 × 宽，如果长方形的长、宽都是小数的话也可以计算吗？

如果计算长为 2.7 厘米、宽为 1 厘米的长方形的面积，我们很容易就可以知道它的面积等于 2.7 平方厘米。

但现在要计算的长方形的长是 6.8 厘米，这也不难，只要算一算 2.7 平方厘米的 6.8 倍是多少就可以了。

列出的算式为：2.7 平方厘米 ×6.8。

结果，还是变成长 × 宽的计算了。从以下所画出的数线中，就可以很清楚地了解了。

如果以 2.7 平方厘米来看的话，只要算出它的 6.8 倍就可以了。

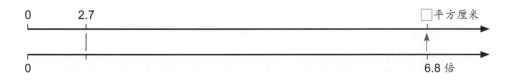

◉ 积的大小

某数（以甲表示）乘上不同的整数或小数时，积的大小会有什么样的变化呢？让我们一边看数线，一边来想一想。

我想，乘法的积总是比乘数大，但是，也有的积会变小哦。

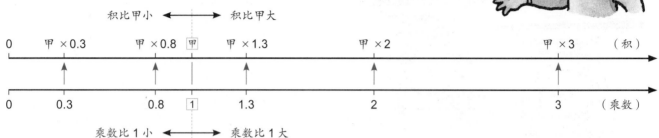

积比甲小 ←——→ 积比甲大

| 0 | 甲×0.3 | 甲×0.8 | 甲 | 甲×1.3 | 甲×2 | 甲×3 | （积） |

| 0 | 0.3 | 0.8 | 1 | 1.3 | 2 | 3 | （乘数） |

乘数比1小 ←——→ 乘数比1大

从数线中，我们知道乘以 0.8 或 0.3 之后，积会比另一个乘数小。

以前所学的"整数的乘法"，它的积总是比另一个乘数要大哦。

※ 当乘数比 1 大的时候，积比另一个乘数大。
※ 当乘数等于 1 的时候，积等于另一个乘数。
※ 当乘数比 1 小的时候，积比另一个乘数小。

我们把从数线上得知的再来算一算。

答案正确吗？

算出乘法的积后，可以用积除以其中一个乘数，再比较一下商是否和另一个乘数相同，以此验算积是否正确。

2.4×0.8=1.92

2.4 的 0.8 倍，只比 2.4 的 1 倍小 0.2 倍，因此，列算式为：

2.4×0.8=2.4×1−2.4×0.2

2.4 − （2.4×0.2） =1.92

也可以利用以下的方法来验算。

2.4×0.2=0.48

2.4−0.48=1.92

小数 × 小数的计算方法

● 1.2×6.4 的计算

现在我们已经知道小数乘法的意义了。

接下来，我们再来想一想 1.2×6.4 的计算方法吧。

给你一个暗示，在以前所学的基础上来思考，是很重要的哦！想一想，把它看成 12×64 或 1.2×64，应该怎么计算呢？

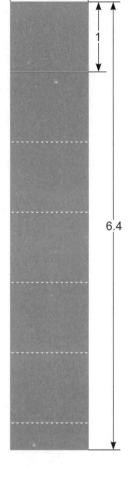

1.2×6.4
$= (1.2 \times 10) \times (6.4 \times 10) \div 100$
$= 12 \times 64 \div 100$
$= 768 \div 100$
$= 7.68$

◆ 平平的想法

我们已经学过小数 × 整数的计算方法了，因此，只要把 6.4 化为整数，不就可以计算了吗？

换句话说，把 6.4 扩大 10 倍是 64，则：

$1.2 \times 64 = 76.8$

由于其中一个乘数扩大了 10 倍，因此

1.2×6.4 的积应该是 1.2×64 的积的 $\frac{1}{10}$。

因此，$1.2 \times 6.4 = 7.68$。

若用算式来表示，其计算过程如下。

◆ 小美的想法

转化成整数 × 整数来计算。

1.2 扩大 10 倍等于 12；

6.4 扩大 10 倍等于 64。列算式为：

$12 \times 64 = 768$

两个乘数都扩大了 10 倍，因此，

1.2×6.4 的积就是 12×64 的积的 $\frac{1}{100}$。

因此，$1.2 \times 6.4 = 7.68$。

用算式来表示，其计算过程如下。

1.2×6.4
$= 1.2 \times (6.4 \times 10) \div 10$
$= 1.2 \times 64 \div 10$
$= 76.8 \div 10$
$= 7.68$

◆ 大成的想法

因为不会直接用小数来计算，所以我想到了把乘数化为整数的方法。

但是，化为小数 × 整数的方法，不就和平平的方法一样了吗？

6.4 是 64 的 $\frac{1}{10}$，因此，6.4=64÷10。

1.2 是集合了 10 个 0.12 的数，因此，1.2=0.12×10。

其计算过程如下：

$$1.2 \times 6.4$$
$$=0.12 \times 10 \times 64 \div 10$$
$$=0.12 \times 64 \times 10 \div 10$$
$$=0.12 \times 64$$
$$=7.68$$

虽然三个人的计算方法不同，但他们都应用了前面学过的方法来计算，如：

整数 × 整数

小数 × 整数

善于利用学过的计算方法是很重要的，要牢记哟！

◉ 小数 × 小数的笔算

前面我们已经用了各种不同的计算方法，求出小数 × 小数的积。

接下来，我们再来想一想小数 × 小数的笔算方法。

● 1.2×6.4 的笔算

若以整数 × 整数来计算，1.2×6.4 的两个乘数就必须分别扩大 10 倍了。

两个乘数分别扩大 10 倍后，就成了：12×64。

因为两个乘数分别扩大了 10 倍，因此积必须再除以 100。

其算式及计算过程如下：

```
  1.2  ------ 扩大10倍 ------>      1 2
× 6.4  ------ 扩大10倍 ------>    × 6 4
  7.68                            4 8
                                  7 2
         ------ 除以100 ------>   7 6 8
```

● 1.6×0.84 的笔算

和上一题一样，也是以整数 × 整数的方法来计算。

把 1.6 扩大 10 倍，0.84 扩大 100 倍，两个乘数分别变成整数，并列成算式：16×84。

由于一个乘数扩大了 10 倍，另一个乘数扩大了 100 倍，因此积必须再除以 1000。

其算式和计算过程如下：

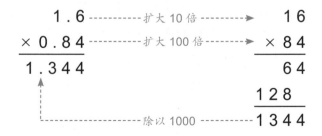

```
  1.6   ------ 扩大10倍 ------>     1 6
× 0.84  ------ 扩大100倍 ------>  × 8 4
  1.344                           6 4
                                1 2 8
          ------ 除以1000 ------> 1 3 4 4
```

看成整数来计算，因此不列式为 $\begin{array}{r} 1.6 \\ \times 0.84 \\ \hline \end{array}$，而列式为 $\begin{array}{r} 1.6 \\ \times 0.84 \\ \hline \end{array}$。注意积的数位，并不会和乘数的数位一样。

好不容易，终于把小数 × 小数的笔算方法弄清楚了。我们整理如下。

①当我们在列笔算式时，右边要对齐。计算时，要当成整数来计算。

②算出两个乘数的小数点右边的位数。

③积的小数点右边的位数，和②算出的位数总和相同，把积的小数点标出来。

		小数部分
16	1.6 --→	1 位
× 84	× 0.84 --→	2 位
64	64	3 位
128	128	
1344	1.344 ←--	

3 位

整数 × 整数　小数 × 小数

运算的定律

在整数的乘法中，我们已经学习了如何使用计算的定律了。现在，我们再来想一想，小数的乘法中是不是也可以使用运算定律呢？

首先，看一看乘法法则中，有什么样的性质。

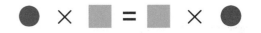

两个数相乘，交换两个乘数的位置，它们的积不变，这称为乘法交换律。

$$(\, \bullet \times \blacksquare \,) \times \blacktriangle$$
$$= \bullet \times (\, \blacksquare \times \blacktriangle \,)$$

三个数相乘，先把前两个数相乘，再与第三个数相乘，或者先把后两个数相乘，再和第一个数相乘，它们的积不变，这称为乘法结合律。

$$\bullet \times (\, \blacksquare + \blacktriangle \,)$$
$$= \bullet \times \blacksquare + \bullet \times \blacktriangle$$

两个数的和与一个数相乘，可以把两个加数分别与这个数相乘，再将两个积相加，所得的结果不变，这称为乘法分配律。

在下面的计算中，我们就要证明这三个运算的定律也适用于小数的计算。

●乘法交换律

● × ■ = ■ × ●，我们称为乘法交换律，在小数的乘法计算中，这个定律是不是也成立呢？

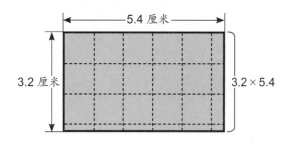

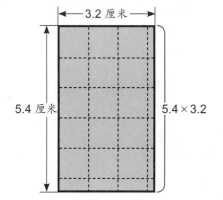

●乘法结合律

（ ● × ■ ）× ▲ = ● × （ ■ × ▲ ），我们称为乘法结合律。这个定律在小数乘法计算中是不是也成立呢？

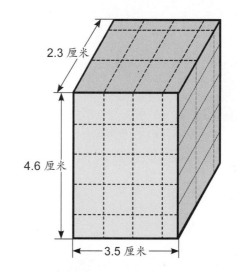

（2.3×3.5）×4.6
↓
2.3×（3.5×4.6）
？

从以上求立方体的体积来看，（2.3×3.5）×4.6 和 2.3×（3.5×4.6）同样都是求立方体的体积的算式，因此，我认为（2.3×3.5）×4.6=2.3×（3.5×4.6）是成立的。

我动手计算过，
3.2×5.4=17.28
5.4×3.2=17.28，它们的积都相同，因此，3.2×5.4=5.4×3.2是成立的。

我们可以从长方形的面积来想，3.2×5.4 和 5.4×3.2 都是求长方形的面积的算式，因此我认为 3.2×5.4=5.4×3.2 是成立的。

计算后发现（2.3×3.5）× 4.6＝37.03，2.3×（3.5×4.6）=37.03，它们的积相同。

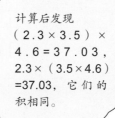

乘法分配律

● × (■ + ▲) = ● × ■ + ● × ▲,
我们称为乘法分配律。这个定律在小数乘法计算中是否也成立呢?

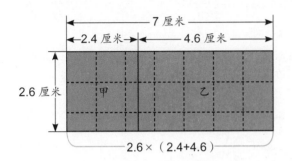

2.6×(2.4+4.6)

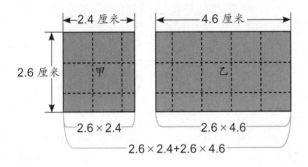

2.6×2.4+2.6×4.6

查一查

把左边的长方形看成一个长方形,求出的面积是:2.6×(2.4+4.6)
=2.6×7=18.2(平方厘米)。

如果把左边的长方形看成两个长方形,则分别求它们的面积,甲的面积是:
2.6×2.4=6.24(平方厘米)。

乙的面积是:
2.6×4.6=11.96(平方厘米)。

把甲和乙的面积加起来,列算式为:
6.24+11.96=18.2(平方厘米)。

因此,我们知道2.6×(2.4+4.6)
=2.6×2.4+2.6×4.6是成立的。

综合测验

请写出下面问题的算式。

① 丝带1米的价钱是1.8元,那么2.5米的丝带要多少元钱?

② 1小时走42.8千米的汽车,如果走1.6小时,可以前进多少千米?

整　理

(1)一个数乘上小数倍数时,就要以小数的乘法来计算。

(2)积与乘数的关系,可用以下的算式来表示。

①一个乘数 >1 → 积 > 另一个乘数

②一个乘数 =1 → 积 = 另一个乘数

③一个乘数 <1 → 积 < 另一乘数

(3)小数 × 小数的笔算,可以先看成整数 × 整数来计算,再检查积的小数位数,标上小数点。

(4)小数的乘法和整数的乘法都适用下面的运算定律。

①乘法交换律

● × ■ = ■ × ●

②乘法结合律

(● × ■) × ▲ = ● × (■ × ▲)

③乘法分配律

● × (■ + ▲) = ● × ■ + ● × ▲

综合测验答案：① 1.8×2.5=4.5（元）；② 42.8×1.6=68.48（千米）。

除以小数的计算

除以小数的计算应用（1）

可以使用 9.6÷3.2 的除法来计算。

除以小数的计算，可以在什么时候使用呢？

下面，我们就列出几个问题来做一做。

● **求带子条数的问题**

从 9.6 米的带子中，可以取出几条长 3.2 米的带子呢？

想一想这个问题的解题方法。

要计算可以分成几份大小相同的东西时，必须使用除法来计算。因此，列成算式为：

$$9.6 \div 3.2$$

但是，不知道可以取出几条。

3.2 米的带子 2 条的话，列算式为：

3.2×2=6.4（米）

3.2 米的带子如果有 3 条，就是：

3.2×3=9.6（米）

因此，得数就是 3 条。

我们来比较小美和小强的想法。

小美在列算式的时候，想成 9.6 可以分成几份 3.2。换句话说，就是：

9.6 是 3.2 的几倍？

而小强是想成：

3.2 的几倍会变成 9.6？

他们两人的想法都是求倍数，因此只要以除法来列算式就可以了。

● 求出水槽装满水的时间

有一个可以装 8.4 升水的水槽。如果平均每 1 分钟可以装进 2.4 升的水，要几分钟才能装满？

想一想如果时间过了 1 分钟、2 分钟、3 分钟后，水量会有什么样的变化呢？

1 分钟装入 2.4 升水

在 3 分钟时，水还没有满，但是在 4 分钟时，水就溢出来了，因此答案应该在 3 分钟和 4 分钟之间。

容量为 8.4 升的水槽

装进的水量：

1 分钟：2.4
2 分钟：2.4×2=4.8（升）
3 分钟：2.4×3=7.2（升）
4 分钟：2.4×4=9.6（升）

在 3 分钟之内，水槽里还没有装满水，但是到了 4 分钟时，水就溢出来了。

为了求出在几分钟时水槽里的水正好达到 8.4 升，只要算一算 8.4 是 2.4 的几倍就可以了。

2.4×1
=2.4（升）

1 分钟

2.4×2
=4.8（升）

2 分钟

2.4×3
=7.2（升）

3 分钟

2.4×□
=8.4（升）

? 分钟

2.4×4
=9.6（升）

4 分钟

小强认为得数应该在 3.1 倍到 3.9 倍之间。

你能找出到底是几倍吗？

2.4×3.1=7.44

2.4×3.2=7.68

2.4×3.3=7.92

2.4×3.4=8.16

2.4×3.5=8.4

我们已经知道 2.4 的 3.5 倍是 8.4 了。

小美要求的就是几倍，所以只要列成除法的算式就可以了。但是，由于得数既不是 3 倍，也不是 4 倍，因此可以用以下的算式来计算。

8.4÷2.4

◆ 这个问题可以用数线来算一算。

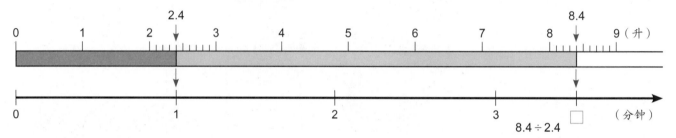

如上图所示，图中的两条线中，上面的线代表水槽里装进的水量，下面的刻度是代表进水的时间：因为 1 分钟内可以装进 2.4 升的水，因此就把 2.4 升下面的刻度表示为 1。那么，我们只要计算出在 8.4 升下面的时间刻度就可以了。

如下图所示，用数线来表示所求出的带子数目。图中的两条线中，上面的线代表带子的长度，下面的线代表带子的条数。因为每一条带子的长度是 3.2 米，因此 3.2 米的下面表示为 1，再求出 9.6 米下面的数。

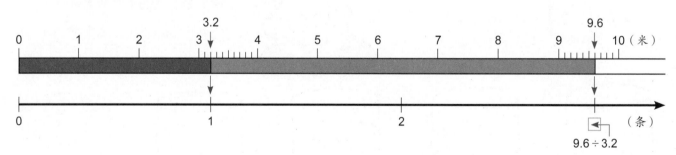

比较以上的两组数线，可以发现它们非常相似。

在求带子条数的问题中，9.6÷3.2 是计算 9.6 米是 3.2 米的几倍的算式，因此当我们把 3.2 表示为 1 的时候，就可以求出 9.6 相当于多少个 3.2 了。

水槽的问题也可以从数线中求解。由于是计算 8.4 升为 2.4 升的几倍这个问题，因此，如果我们把 2.4 表示为 1，就可以算出 8.4 相当于多少个 2.4 了。

因此，我们只要用 8.4÷2.4 的算式来计算就可以了。

● 比较水池面积的问题——该以什么样的算式来表示呢?

有一只住在鲶池的青蛙,问住在葫芦池的青蛙说:"葫芦池的面积到底是鲶池面积的几倍大呀?感觉好像相当大呢!"

鲶池的面积有 1.5 平方千米,另外,葫芦池的面积有 1.2 平方千米。

算一算,葫芦池的面积是鲶池的面积的几倍呢?

葫芦池的面积 1.2 平方千米

鲶池的面积 1.5 平方千米

◆ 首先,我们来想一想应该用什么样的算式来表示比较好?

好简单哦!问的是"几倍",因此用除法来算就可以了。

但是列成算式应该是 1.5÷1.2,还是 1.2÷1.5 呢?

因为问的是倍数关系,用除法的算式一算,马上就可以知道了。但是,应该是 1.5÷1.2,还是 1.2÷1.5 呢?

让我们来看一看数线上的标示,再决定把哪一个池子的面积当作 1。这个问题是问葫芦池的面积是鲶池的面积的几倍,因此就是把鲶池的面积当成 1,然后求出葫芦池的面积相当于几个鲶池的面积就可以了。因此,列成算式为:

1.2÷1.5

从数线上看,我们知道商比 1 小。

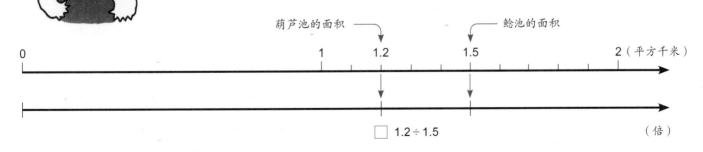

除以小数的计算应用（2）

接下来，我们以下面的例题为基础，想一想除以小数时的列式问题。

这和前面学过的求倍数的问题不太一样，但好像也是用除法哦。

●求长度为1厘米的铁丝的质量

有一根长为2.4厘米、重为8.4克的铁丝。这样的铁丝1厘米重几克？

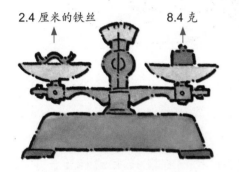
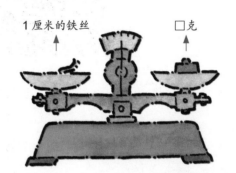

2.4厘米的铁丝　　8.4克　　　1厘米的铁丝　　□克

如果2厘米长的铁丝重8.4克，那么1厘米长的铁丝质量，就可以用8.4÷2的算式来计算。

关于这个问题，8.4÷2的算式是不是成立呢？我们可以从数线上看出来。

1厘米长的铁丝的质量如果是□克，那么2厘米长的铁丝质量就变成（□×2）克了。而2.4厘米长的铁丝质量应该是1厘米长的铁丝质量的2.4倍，因此为（□×2.4）克。

从问题中，我们知道2.4厘米长的铁丝重8.4克，因此，可以列算式如下：

如果2厘米长的铁丝重8.4克，那么求1厘米长的铁丝的质量，只要把8.4克分成2等份就可以啦。可以列式为：8.4÷2.4。

$$\boxed{} \times 2.4 = 8.4$$

上面的算式也可以列成：$2.4 \times \boxed{} = 8.4$，因此，如果把8.4看成是2.4的几倍时，只要用除法来计算就可求出得数了。

$$8.4 \div 2.4$$

计算上面的算式，我们就可以得知1厘米长的铁丝的质量了。

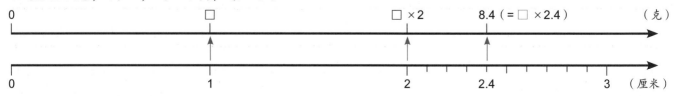

● 求 1 克铁丝的长度

有一根长为 2.3 厘米的铁丝，重为 9.2 克。如果把这根铁丝剪成 1 克的铁丝，这根铁丝会变成几厘米呢？

这和前一页的问题很类似哦，应该也是除法来计算。

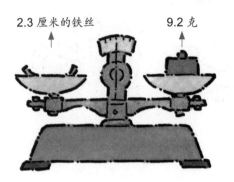

2.3 厘米的铁丝   9.2 克

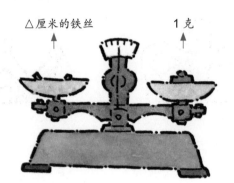

△厘米的铁丝   1 克

等于求 1 克铁丝的长度，因此只要用 2.3÷9.2 就可以了。

如果 2.3 厘米长的铁丝重 9 克，那么变成 1 克的铁丝时，只要计算（2.3÷9）就可以了。现在是 2.3 厘米的铁丝重 9.2 克，2.3÷9.2 的算式是不是就成立呢？我们可以从数线上来了解。如果 1 克质量的铁丝长△厘米，那么 2 克重的铁丝长度就是（△×2）厘米，3 克重的铁丝长度就是（△×3）厘米……那么，9.2 克重的铁丝就变成（△×9.2）厘米。问题中，9.2 克的铁丝长为 2.3 厘米，因此，可以列算式为：

$$\triangle \times 9.2 = 2.3$$

上面的算式也可以写成：9.2× △ =2.3。如果把这个算式想成 2.3 是 9.2 的几倍，还是成了除法的问题，因此，可列式为：

$$2.3 \div 9.2$$

计算上面的算式，我们就可以得知 1 克铁丝的长度了。

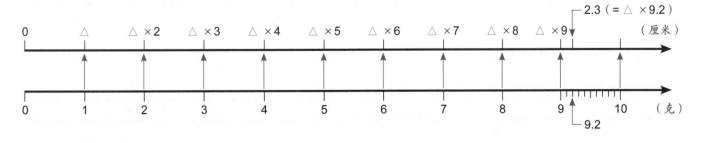

29

● 计算头冠的质量

公主的头冠的是按照国王王冠的 0.8 倍重来制造的。据说公主的头冠重为 2.6 千克，那么国王的王冠重多少千克呢？

公主的头冠是国王王冠的 0.8 倍，因此国王的王冠应该比较重哦。

公主的头冠（2.6 千克）

国王的王冠（? 千克）

公主的头冠质量

国王的王冠质量

如果公主的头冠的质量是国王的王冠的质量的 2 倍，就可以用 2.6÷2 的算式来计算；而现在是 0.8 倍，因此，算式可以列成 2.6÷0.8。

从数线上来看，国王的王冠的质量如果是 □ 千克，它的 2 倍是 2.6 千克时，就是 □ ×2=2.6，可以看成：2.6÷2= □。因此，当它的 0.8 倍是 2.6

千克时，□ ×0.8=2.6 就成立，于是变成：2.6÷0.8= □（千克）。算式可列为：

2.6÷0.8

下面，我们把计算王冠质量的数线，和计算 1 厘米长的铁丝的质量，以及计算 1 克重的铁丝长度的数线，做一下比较。

● 计算王冠质量的数线

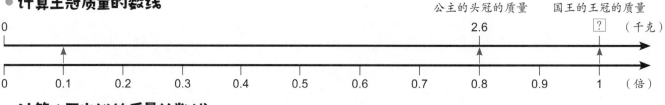

公主的头冠的质量 2.6　　国王的王冠的质量 ?　（千克）

0　0.1　0.2　0.3　0.4　0.5　0.6　0.7　0.8　0.9　1　（倍）

● 计算 1 厘米铁丝质量的数线

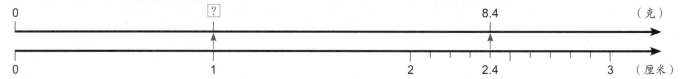

0　?　8.4　（克）

0　1　2　2.4　3　（厘米）

● 计算 1 克铁丝长度的数线

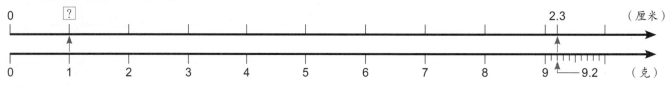

0　?　2.3　（厘米）

0　1　2　3　4　5　6　7　8　9　9.2　（克）

仔细观察这三条数线，会发现它们有共通的地方。每一条数线上，都是求相当于1部分的数。换句话说，都是计算基本量。

1克铁丝的长度，和1厘米铁丝的质量也相当于单位"1"。换句话说，只要算出基本量就可以了。

把某一个数平均分成几等份后，求出其中的一等份，还是要使用除法来计算。

下图是代表把长为6.5米的带子分成4等份，求每一等份为几米的数线。我们知道这个问题也是以原来的长度为标准，求出每一段的长度。

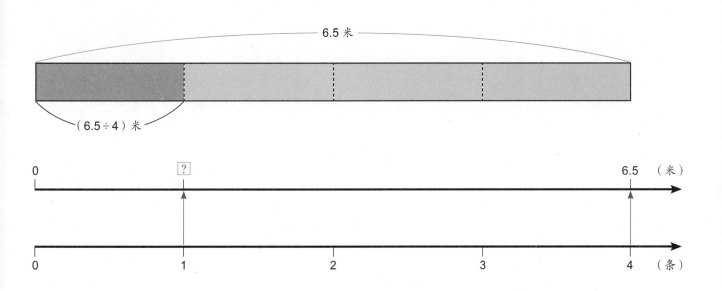

● 想一想有关除法的商

以前一定有许多人认为，除法的商应该比被除数小。真的是这样吗？让我们重新来看一次数线。

如果除数小于1，那么商就会比被除数大。从以下的计算中，我们就可以了解。

$24 \div 3 = 8$……商比被除数24小

$24 \div 2 = 12$……商比被除数24小

$24 \div 1 = 24$……商和被除数24一样大

$24 \div 0.8 = 30$……商比被除数24大

$24 \div 0.5 = 48$……商比被除数24大

在以下的数线中，$26 \div 0.8$的算式，给了你哪些启发呢？

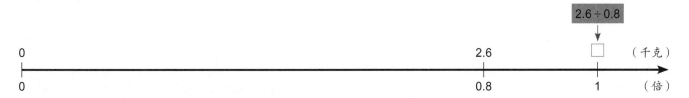

请记住：当除数小于1的时候，商会比被除数大。

除以小数的计算应用（3）

> 同样是除法的算式，但是数线却不一样，这是怎么回事？

● 除以小数的问题整理

"除以小数的计算应用（1）"中，是计算某一个量相当于另一个量的几倍等问题；在"除以小数的计算应用（2）"中，则是计算相当于"1"的基本量等问题。而且，我们知道每一个问题都可以用除法来计算。

但是，该怎么说明这两种问题的不同呢？

每一种问题，可能都可以列成 8.4÷2.4 的算式，因此我们再把这两种问题，重新用数线来表示并比较一下吧。

（1）求水槽装满水的时间

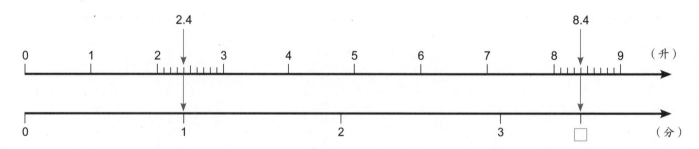

（2）求1厘米长的铁丝的质量

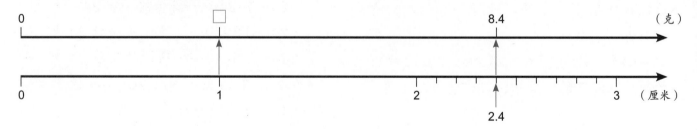

在（1）的问题中，我们知道1分钟内可以装2.4升的水，换句话说，已知基本量为2.4升，要求算出8.4升相当于基本量的几倍，列算式为：2.4×□=8.4。

（2）的问题也是计算基本量（1厘米长的铁丝的质量）的例子。已知基本量的2.4倍是8.4，可以列算式为：□×2.4=8.4。

● 和乘法的关系

让我们仔细地想清楚（1）和（2）除法的不同，观察它们和乘法之间的关系。首先，我们把以下的文字列成乘法算式来计算。

> 平均 1 分钟水槽可以储存 4.2 升的水，1.5 分钟后水槽中可以储存 6.3 升的水。

1 分钟可以储存 4.2 升的水，因此，4.2 是基本量，用算式表示为：

$$4.2 \times 1.5 = 6.3$$

（基本量）

用数线来表示，如下所示。

在这个问题中，我们要计算出 6.3 升是 4.2 升的几倍，因此列算式如下：

$$4.2 \times \square = 6.3$$
$$\square = 6.3 \div 4.2 = 1.5$$

这和（1）求水槽装满水的时间的计算方法相同。另外，我们还要计算 6.3 升是几升的 1.5 倍，因此，列算式如下：

$$\triangle \times 1.5 = 6.3$$
$$\triangle = 6.3 \div 1.5 = 4.2 （升）$$

这和（2）求 1 厘米长的铁丝的质量

的计算方法相同。

我们把这些问题列成算式来计算，就可以计算出。

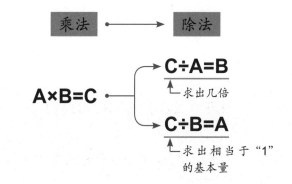

乘法 ⟶ 除法

$$A \times B = C$$

$$C \div A = B$$ ──求出几倍

$$C \div B = A$$ ──求出相当于"1"的基本量

● 求 6.3 升是 4.2 升的几倍

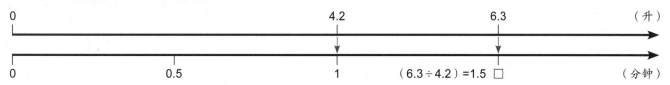

● 求 6.3 升是几升的 1.5 倍

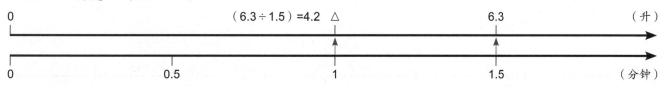

除以小数的计算方法

◎ 计算的方法

　　除以小数的计算，不会直接计算，但是我们已经学过除数是整数的计算方法。现在，我们就先用把除数化为整数的方法来计算。

● 计算倍数的问题

　　2.6 厘米是 0.8 厘米的几倍？

　　根据问题，画成数线①的情形。

　　利用它列出算式：2.6÷0.8。

　　想一想，是不是还可以将这个算式换成整数的算式来计算？

　　如果把厘米换算成毫米，则算式为：

$$2.6（厘米）÷0.8（厘米）$$
$$\downarrow$$
$$26（毫米）÷8（毫米）$$

　　转化为整数 ÷ 整数的计算。

　　如果利用数线来表示，就如数线②的情形。

$$26÷8=3.25$$
$$\downarrow$$
$$2.6÷0.8=3.25$$

　　因此，我们知道得数是 3.25 倍。

> 26（毫米）÷8（毫米）= 3.25，是求倍数，因此，商的位数不变。

　　在这个算式中，我们可以用 0.1 为单位，来计算 2.6÷0.8。2.6 是集合了 26 个 0.1 的数，0.8 是集合了 8 个 0.1 的数，算式便可以列成：26÷8。

　　整数除整数的笔算形式，我们已经学过了，如右边的竖式。

```
          3.25
      8 ) 26
          24
          20
          16
           40
           40
            0
```

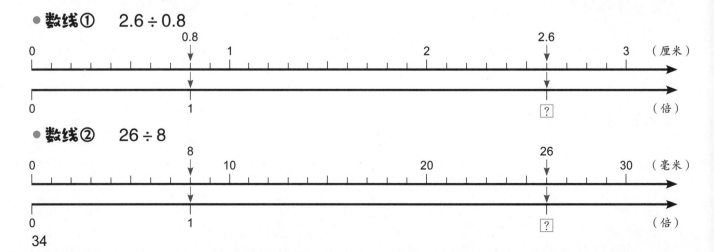

● 数线①　2.6÷0.8

● 数线②　26÷8

● 计算相当于 "1" 基本量的问题

> 有一根长为 2.6 米、重为 0.8 千克的铁丝，这种铁丝 1 千克长几米？

这个问题计算相当于 "1" 的基本量，列算式为：2.6÷0.8，画成数线如数线①。在数线①中，不能直接计算出相当于 "1" 的基本量（□）。因此，我们要先想出求相当于 "0.1" 的数的方法。

在下面的数线②中，是以 0.1 为单位，来表示数线①下面的数，如：

> 0.1 → 1，0.8 → 8，1 → 10

在数线②上，相当于 "10" 的数，就变成了相当于原来数线上的 "1"，首先，我们计算相当于 "1" 的数，可以列算式为：

> ## 2.6÷8= △

相当于 "10" 的数（在原来的数线上，是相当于 "1" 的数）可以用相当于 "1" 的数再乘上 10 倍。因此，可以列算式为：

> ## 2.6÷8×10= □

我们已经学过整数除小数的计算方法了。笔算 2.6÷8 时，可利用以下的方法。

$$2.6÷0.8$$
$$=2.6÷8×10$$
$$=0.325×10$$
$$=3.25$$

从计算结果得知，1 千克铁丝的长度是 3.25 米。

```
        0.325
    8 ) 2.6
        2 4
        ────
         20
         16
        ────
          40
          40
        ────
           0
```

● 数线① 2.6÷0.8

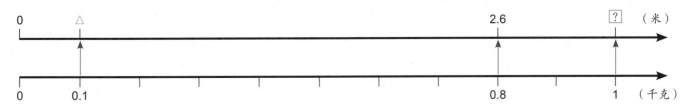

● 数线② 2.6÷8

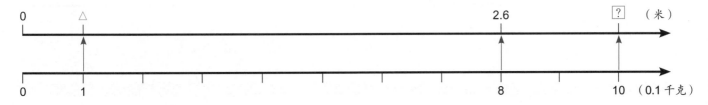

● 把除数换成整数

想一想，还有没有其他的方法可以把除数换成整数呢？

当我们在计算小数的乘法时，例如，12×0.3，可以把乘数 0.3 扩大 10 倍，也就是变成 12×3=36 来计算，但求出的积还要缩小 $\frac{1}{10}$，这才是正确的积。

那么，在计算小数的除法时又该如何计算呢？让我们来想一想除法的性质。

例如：

$$6 \div 3 = 2$$

试着把除数和被除数乘上同样的数。

$$（6 \times 2）\div（3 \times 2）=12 \div 6=2$$
$$（6 \times 3）\div（3 \times 3）=18 \div 9=2$$

从以上的计算中，我们可以知道在除法的计算中，即使除数和被除数都乘上同样的数，商也不会改变。

算一算 2.6÷0.8。把 0.8 乘上 10 倍变成整数 8。另外，也把被除数乘上 10 倍变成 26，应该就可以求出商来了。

因此，列算式如下：

$$2.6 \div 0.8=（2.6 \times 10）\div（0.8 \times 10）$$
$$=26 \div 8=3.25$$

就可以计算出商了。

被除数、除数和商的关系

请仔细观察下面的数线。

相当于"1"的基本量是 3.5。在这组数线中，如果用下面数线的数来除上面数线的数，可以求出商等于 3.5。换句话说，就是把上面数线的数当被除数，下面数线上的数当作除数，就可以计算出商等于 3.5

了。例如，4.2÷1.2=3.5、2.8÷0.8=3.5 等。

因此，我们知道如果除数比 1 大，商就会比被除数小；如果除数比 1 小，商就会比被除数大。从这一点，我们可以得知商和被除数的大小关系，会随着除数的不同而改变。

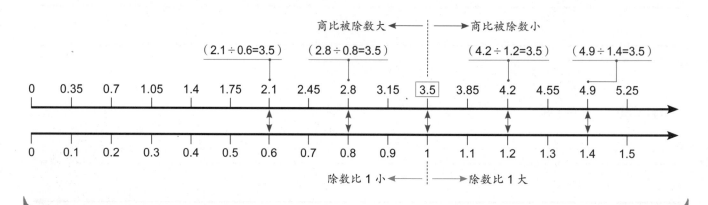

接下来，我们再来算一算 2.9÷1.16。

在这个算式中，即使把除数扩大 10 倍，还是小数 11.6，因此要再扩大 10 倍。换句话说，1.16 必须扩大 100 倍，才能变成整数。当然被除数也要扩大 100 倍。

$$2.9÷1.16=（2.9×100）÷（1.16×100）$$
$$=290÷116$$

像这样，在除以小数的计算中，可以把除数变成整数，把除数和被除数都乘上 10、100……变换成除以整数的计算。

● 笔算的方法

现在，让我们来想一想 2.6÷0.8 的笔算方法。把除数和被除数扩大 10 倍，来计算 26÷8 或 2.6÷8×10。把它们列成竖式进行笔算。

①
```
     3.25
 8 ) 26
     24
      20
      16
       40
       40
        0
```

②
```
     0.325
 8 ) 2.6
     2 4
      20
      16
       40
       40
        0
```

在②算式中，如果把商再扩大 10 倍，就是正确答案。但是，在计算 2.6÷0.8 的时候，仅看笔算的算式是不能理解的。因

此，有了以下所列的方法。请仔细想一想并深入地理解。

①
```
0.8 ) 2.6
```
直接用 2.6÷0.8 的笔算形式来写。

②
```
0.8 ) 2.6
```
↑   ↑
扩大 10 倍来计算

把被除数和除数扩大 10 倍来计算，并把小数点去掉。

```
        3.25
0.8 ) 2.6
       2 4
        20
        16
         40
         40
          0
```
想成 26÷8 来计算。

如果像这样来进行笔算的话，知道怎么算吗？

如右式，因为除数的小数有两位，因此我们把除数扩大 100 倍来计算，消掉小数点，被除数也要扩大 100 倍，并且把小数点的位置向右移两位，这样就可以计算了。

```
          3.1
0.21 ) 0.65.1
        63
        21
        21
         0
```

◉ 余数的求法和验算

● 余数的大小

在小数的除法中，我们要怎么求出余数呢？我们以带子的问题为例来想一想。

从 28 米的带子中，可以取得几条 2.5 米的带子？还剩下几米？

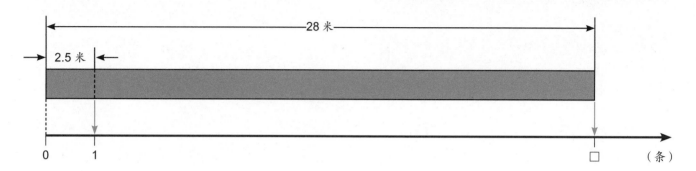

利用以前所学过的方法来画数线，如上图所示。另外，这个问题也可以列算式为：

28÷2.5

计算结果为：

28÷2.5=11.2（条）。

但是，这样就可以了吗？是不是有点儿奇怪呢？因为我们求的是带子的条数，所以得数一定是整数。因此，只要计算出整数部分，即 11 条就是所求的结果。

那么，还剩下几米呢？

我们可以从笔算的算式来看。余数是 5。但是，这个 5 是 280÷25 的余数，因此余数也扩大了 10 倍。所以我们还要把余数乘上 $\frac{1}{10}$，变成 0.5 米。

在实际的笔算中，余数的小数点，也要对齐被除数原来的小数点，并标示出来。

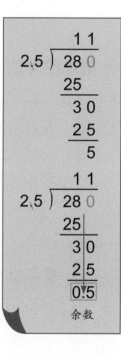

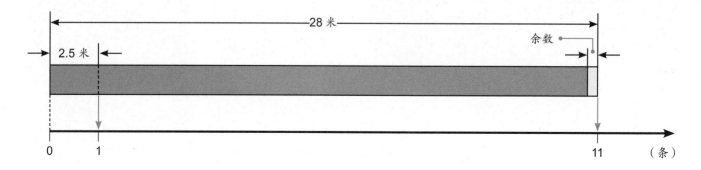

● **验算方法**

在前一页的问题中，我们求出的条数和余数是不是正确呢？

除法可以用以下的方法来验算。

> 除数 × 商 + 余数 = 被除数

应用这个算式来验算：

2.5×11=27.5……11 条带子的长度

27.5+0.5=28……原来的带子长度

因此，我们知道这个除法的计算结果是正确的。

> 大家都清楚除以小数的除法计算了吧？现在我们再来看一看除以小数的除法中，会碰上什么样的问题。

综合测验

1. 在下面的□中，填入适当的数。

① 0.6 千克 5.1 元的香菇，1 千克□元，0.4 千克□元？

② 2.4 千米的路程，平平要花 0.5 个小时走完。

那么 1 小时可以走□千米。

③ 1.6÷1.25，可以列算式：

（1.6×□）÷（1.25×□）来计算。

2. 计算下列各题

① 2.5) 6.4   ② 4.3) 0.86

③ 10.2÷0.85   ④ 2.48÷0.8

⑤ 15.82÷4.52   ⑥ 46.2÷0.21

3. 计算下列各题。计算出整数的得数，并求出余数。

① 13÷1.5   ② 4.21÷0.3

③ 12.1÷3.1   ④ 0.62÷0.14

4. 有一条 2.3 米的带子，从这条带子中，可以取得几条长 0.4 米的带子呢？

整 理

（1）1.5÷1.2 的算式，使用在下列两种意义不同的问题中。

①求出 1.5（千克）是 1.2（千克）的几倍？

②如果 1.5（米）是某个长度的 1.2 倍，求相当于"1"的基本量的长度。

（2）除以小数的除法笔算，要先把除数变成整数，并移动小数点的位置之后再计算。

1.2) 5.22   ⟶   1.2) 5.2.2

0.8) 46   ⟶   0.8) 46.0

（3）除法的余数，要和原来被除数的数位对齐。

3.① 8 余 1；② 14 余 0.01；③ 3 余 2.8；④ 4 余 0.06。 4. 5 条，剩下 0.3 米。

巩固与拓展 1

整 理

1. 小数乘法的意义

2.6×3 的算式可以写成 2.6+2.6+2.6 这种加法的形式。但是，2.6×4.5 的算式不可以写成加法的形式。

对于 2.6×4.5，如果把 2.6 表示为"1"，就是求相当于 4.5 倍的数，所以是 2.6 乘以 4.5 倍。

对于 2.6×3，如果把 2.6 表示为"1"，也就是求相当于 3 倍的数。

（相当于数倍的大小）

0	2.6（基准的大小）	△	□
0	1	3	4.5（倍）

基准的大小	×	表示数倍的数	=	相当于数倍的大小
2.6	×	4.5		

2. 小数 × 小数的计算方法

（1）计算的方法

例如：2.34×5.2，改写为整数 × 整数，然后再计算。

2.34×100 倍等于 234。

5.2 乘以 10 倍等于 52。

234×52=12168，因为一个乘数乘以 100 倍，另一个乘数乘以 10 倍，所以 2.34×5.2 的积是 234×52 积的 $\frac{1}{1000}$，即：

2.34×5.2=12.168

（2）笔算的方法

例如：

$$
\begin{array}{r}
2.3\,4 \\
\times\quad 5.2 \\
\hline
4\,6\,8 \\
1\,1\,7\,0\quad \\
\hline
1\,2.1\,6\,8
\end{array}
$$

2.3 4 ➡ 小数点后面的位数，2 位数
× 5.2 ➡ 小数点后面的位数，1 位数
4 6 8 小数点后面的位数，3 位数

①把小数点去掉并当作整数计算。

②求出两个乘数小数位数的和。

③积的小数点后面位数等于②所求得的位数之和，在积上添加小数点。

试一试，来做题。

1. 右图的澡堂里有一个长方体澡池。澡池内侧的长是 4.2 米，宽是 1.3 米，深是 0.6 米。这个澡池的容积是多少立方米？

2. 油桶的容量是 18 升，现在装进的油量是油桶全部容量的 0.75，那么装进了多少升的油？

3. 人体血液的质量大约是体重的 0.08 倍。如果体重是 47.5 千克，血液大约是多少千克？

4. 铁管每 1 米重为 2.3 千克，4.2 米长的铁管重为多少千克？

5. 小明的体重是 28.5 千克，哥哥的体重是小明的 1.6 倍，弟弟的体重是小明的 0.8 倍。

（1）哥哥和弟弟的体重分别是多少千克？

（2）哥哥和弟弟的体重相差多少千克？

答案：1. 3.276 立方米。2. 13.5 升。
3. 3.8 千克。4. 9.66 千克。
5.（1）哥哥的体重是 45.6 千克；弟弟的体重是 22.8 千克；
（2）22.8 千克。

解题训练

■ 先求出基本量，再求出相当于某个比例的量

1 小明每小时步行 3.8 千米，小华每小时步行 4.2 千米。如果两人从同一个地点同时出发，经过 4.3 小时以后，两人步行的路程相差多少千米？

◀ 提示 ▶
先求出两人每小时步行的路程的差

解法 求出两人每小时步行路程的差距。

1 小时中两人步行路程的差距是：

$$4.2-3.8=0.4（千米）$$

因为步行了 4.3 小时，两个步行路程的差距是 1 小时步行路程的差距的 4.3 倍，即：

$$（4.2-3.8）×4.3=1.72（千米）$$

答：两人步行的路程相差 1.72 千米。

■ 先求出比例的和，再求出相当于某个比例的量

2 去年，小华家的番茄收成是 620.5 千克，今年的收成比去年的多出 0.2 倍。小华家今年的番茄收成是多少千克？

◀ 提示 ▶
如果把去年的收成表示为"1"，今年的收成相当于多少？

解法 把去年的量表示为"1"。

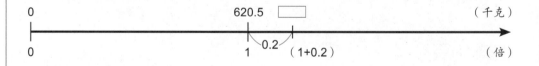

如果把去年的收成表示为"1"，今年的收成比去年多 0.2 倍，所以今年的收成是去年收成的：1+0.2=1.2（倍）。

去年的收成是 620.5 千克，所以，今年的收成为：

$$620.5×（1+0.2）=620.5×1.2=744.6（千克）$$

答：小华家今年的番茄收成是 744.6 千克。

■ 连续算两次比例

3　　一个球每次掉落地面时的反弹高度是它每次掉落高度的 0.8 倍。如果这个球从 1.8 米的高处落下，它第 2 次的反弹高度是多少米？

◀ 提示 ▶

先求出这个球第 1 次的反弹高度。

解法　　这个球第 2 次的反弹高度是它第 1 次反弹高度的 0.8 倍。

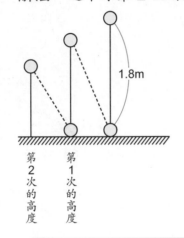

第 1 次的反弹高度是：

$$1.8×0.8=1.44（米）$$

第 2 次的反弹高度是第 1 次反弹高度的 0.8 倍，即：

$$1.44×0.8=1.152（米）$$

把两个算式改写成一个算式为：

$$1.8×0.8×0.8=1.152（米）$$

答：第 2 次反弹的高度是 1.152 米。

■ 连续算两次比例

4　　有 8.5 千克的面粉，分 2 次使用。第 1 次用了全部面粉的 0.6 倍；第 2 次的使用量是剩余面粉的 0.8 倍。第 2 次使用的面粉是多少千克？

◀ 提示 ▶

求出第 2 次使用的面粉占全部面粉的比例

解法　　求出第 2 次使用的面粉占全部面粉的比例。

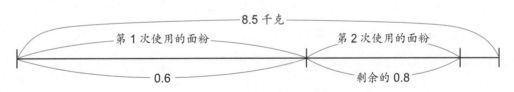

第 1 次使用后剩余的面粉是全部面粉的：

$$1-0.6=0.4$$

第 2 次使用的面粉是剩余面粉的 0.8，是全部面粉的：

$$0.4×0.8=0.32$$

第 2 次使用的面粉是：

$$8.5×（0.4×0.8）=2.72（千克）$$

答：第 2 次使用的面粉是 2.72 千克。

加强练习

1. 油桶里装着 6 升油，油桶的管子每打开 1 次，流出的油是桶内油量的 0.4。管子打开 3 次以后，油桶里还剩余多少升的油？

2. 有一个空水槽。甲水管每分钟的流水量是 2.6 立方米。乙水管每分钟的流水量是 1.8 立方米。

首先将甲水管打开 2.5 分钟，接着甲、乙两个水管同时打开 4.6 分钟，然后同时关闭两个水管。最后，水槽里储存了多少立方米的水？

解答和说明

1. 管子每打开 1 次，流出的油是桶内油量的 0.4，所以剩余的油量是：

打开第 1 次后：6×（1−0.4）=3.6（升）
打开第 2 次后：3.6×（1−0.4）=2.16（升）
打开第 3 次后：2.16×（1−0.4）=1.296（升）
6×（1−0.4）×（1−0.4）×（1−0.4）
=1.296（升）

　　　　答：油桶里还剩余的油为 1.296 升。

2. 甲水管在 2.5 分钟内储存于水槽里的水量是：2.6×2.5=6.5（立方米）

　　甲、乙两水管同时打开 1 分钟的储水量

是：（2.6−1.8）立方米，所以 4.6 分钟的储水量是（2.6−1.8）×4.6，把 2.5 分钟的储水量加上 4.6 分钟的储水量便是：

　　2.6×2.5+（2.6−1.8）×4.6=10.18（升）

　　答：水槽里储存的水为 10.18 立方米。

3. 首先绘图表示各种不同的面积。

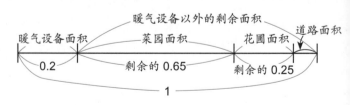

（1）如果把温室的全部面积表示为"1"，暖气设备除外的面积是：1−0.2=0.8，也就是全部面积的 0.8。

　　道路的面积是暖气设备以外剩余面积

3. 长方形温室的长是 30 米，宽是 18.5 米。暖气设备的面积是温室全部面积的 0.2 倍，剩余的面积作为菜园、花圃和道路。

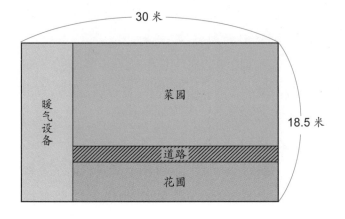

其中菜园的面积是剩余面积的 0.65 倍，花圃的面积是剩余面积的 0.25 倍。

（1）如果把温室全部的面积表示为 1，道路的面积是温室全部面积的几倍？

（2）菜园和花圃的面积各是多少平方米？

的：1−（0.65+0.25）=0.1，也就是剩余面积的 0.1，而剩余面积又是全部的 0.8，所以道路的面积是 0.8 的 0.1，即：0.8×0.1=0.08，也就是温室全部面积的 0.08。

答：道路的面积是温室全部面积的 0.08 倍。

（2）温室的全部面积是：

18.5×30=555（平方米）。

如果温室全部面积表示为"1"，菜园的面积是：555×0.8×0.65=288.6（平方米）。同样地，花圃的面积是 0.8 的 0.25，即 555×0.8×0.25=111（平方米）。

答：菜园的面积为 288.6 平方米；花圃的面积为 111 平方米。

应用问题

1. 小英的哥哥体重是 48.5 千克，爸爸的体重是哥哥体重的 1.4 倍又多 2.1 千克，小英的体重是爸爸的 0.46 倍。

哥哥的体重比小英的重多少千克？

答案：16.3 千克。

巩固与拓展 2

整理

1. 什么时候可以使用小数的除法？

（1）求比例的时候

把基本量表示为"1"时，计算某数相当于基本量的多少或几倍，可以采用小数的除法。

铁丝每米的质量是 125.8 克，求 314.5 克重的铁丝长多少米使用小数的除法。

把 125.8 克表示为"1"，314.5 克就是 125.8 克的倍数，所以：

$125.8 × □ =314.5$

$□ =314.5 ÷ 125.8$

由此可以求出答案。

（2）求相当于"1"的数

求原来的大小。

求基准的大小。

铁丝 2.5 米的质量是 300 克，如果求每 1 米的质量，可以按照下图把 1 米质量的 2.5 倍当作 300 克，即：

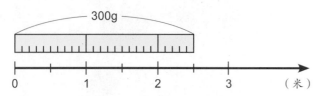

$□ × 2.5=300$

此外，当 300 克相当于 2.5 时，可以求相当于 1 的数是多少克，即：

$□ =300 ÷ 2.5$

像这样，用数线将题目的重点表示出来便容易明白了。

2. 小数除法的计算方法

小数除法的计算步骤是先把除数变成整数，再按照除数移动的小数位调整被除数的小数点位置。

（1）$300 ÷ 2.5$　2.5 乘以 10 倍 ➡ 25

$2.5\overline{)300.0}$　　300 乘以 10 倍 ➡ 3000

↓

接下来的算法和整数的除法相同。

（2）在除法中，除数和被除数如果同时除以或乘以某个相同的数，商不会改变。

星期天，小英和家人在院子里搭吊床。

1. 小英买了 3.4 米长的布料，布料费是 85 元。这块布每 1 米是多少元钱？

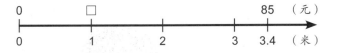

2. 爸爸担心自己的体重太重，不知道应不应该躺在吊床上。小明的体重是爸爸体重的 0.4 倍，也就是 27.4 千克。算一算看，爸爸的体重是多少千克？

3. 吊床使用麻绳长 8.5 米，如果把这条长麻绳剪成 0.5 米的小段，总共可以剪成多少段？

4. 金鱼缸里有 6.5 升的水，如果把鱼缸里的水注入瓶子里，每瓶装 0.2 升，总共可以装几瓶？最后还剩多少升的水？

答案：1. 25 元。2. 68.5 千克。3. 17 段。
4. 32 瓶，剩余 0.1 升。

解题训练

■ 求某数是某数的
  几倍

1

有 87.5 千克的沙子，如果用 3.2 千克装的罐子搬运，总共要几次才能把沙子全部搬完？注意，罐子只有 1 个。

◀ 提示 ▶

先求出 87.5 千克究竟是 3.2 千克的几倍，并列出算式。想一想，如果不能整除应该怎么办？

解法 （1）先求出 87.5 千克是 3.2 千克的几倍，因为

$3.2 \times \square = 87.5$，所以，$\square = 87.5 \div 3.2$。

（2）计算看一看。

```
        2 7
3.2 ) 8 7.5
      6 4
      2 3 5
      2 2 4
        1.1
```

在这个步骤中，最重要的是必须对得数有个预先的概念。因为题目是"总共要搬几次才能把沙子运完？"所以求得的答案一定是整数。

（3）由上面的计算得知，被除数无法被整除。$87.5 \div 3.2 = 27$（次）……1.1（千克），如果搬运 27 次，还会剩 1.1 千克的沙子，所以必须再加上 1 次，才能全部搬运完毕。

$27 + 1 = 28$（次）

答：把沙子全部搬完总共要 **28** 次。

※ 按照上面的方法计算之后，再把题目重新看一遍，想一想如何作答最恰当。

■ 求出比例

2

有1升食盐水，水中溶入了86.4克的食盐。如果从这些食盐水中取出21.6克食盐，必须取出多少升的食盐水？

食盐86.4克　　　　　　　　　　　　食盐21.6克

◀ 提示 ▶

利用数线把题目的重点列出。使用 x 并运用乘法算式来表示。

解法

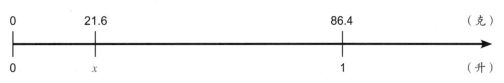

利用数线把题目的重点列出便成为上图。由上图可以看出，如果把86.4表示为"1"，并求出21.6所占的比例，便可求出水的数量。

此外，也可以把21.6当作是86.4的 x 倍。算式是：

$86.4 \times x = 21.6$

$x = 21.6 \div 86.4$

（计算的方法）（商比1小的情况）

```
            0.2 5
  8 6.4 ) 2 1 6.0  ··········
         1 7 2 8
           4 3 2 0
           4 3 2 0
                 0
```

①除数和被除数各乘以10。

②216除以0.1等于2160，商的小数第1位是2。

③43.2除以0.01等于4320，商的小数第2位是5。

答：必须取出0.25升的食盐水。

■ 求相当于"1"
　的基本量

3 18.5 立方厘米的铜的质量是 165.2 克。1 立方厘米的铜的质量大约是多少克？（保留小数点后 1 位。）

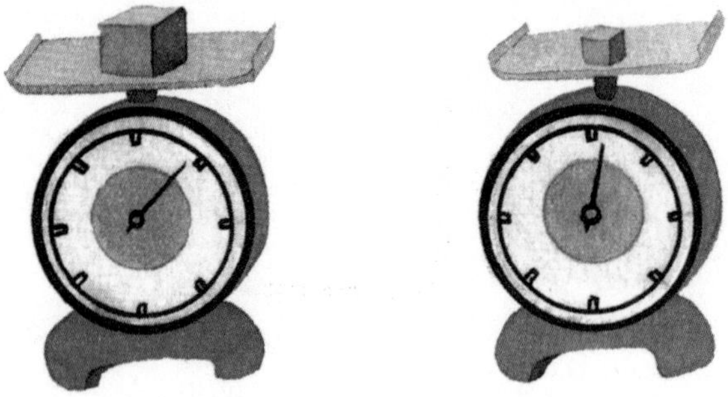

◀ 提示 ▶
利用数线表示题目
的重点

解法 （1）利用数线表示题目的重点。

0　□　　　　　　　　　　　　　　　　　165.2　　　（克）

0　1　　　　　　　　　　10　　　　15　18.5　（立方厘米）

　　（2）用乘法的算式表示，由上图得知□克的 18.5 倍等于 165.2 克，列算式为：

　　　□ ×18.5=165.2

　　（3）求□时，□=165.2÷18.5。

```
              8.9 2
     18.5 )1 6 5.2      ……    ①除数和被除数各乘以 10。
          1 4 8 0
          1 7 2 0                ②做整数 ÷ 整数的计算。(算
          1 6 6 5              到小数点后第 2 位)
            5 5 0
            3 7 0                ③把小数的第 2 位四舍五入。
            1 8 0             由上面的计算求得大约是 8.9 克。
```

答：1 立方厘米的铜的质量约 8.9 克。

■ 求基本量（求相当于"1"的量）

4

甲、乙两个水槽里都装着水。乙水槽里原有 3.5 升的水，后来又加进 1.24 升的水，结果乙水槽的水变成甲水槽水量的 1.2 倍。

甲水槽里有多少升水？

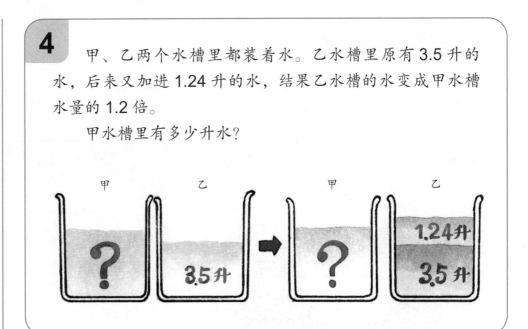

◀ 提示 ▶

想一想，用什么做基本量？相当于"1"的量是什么？

解法 3.5 升加上 1.24 升等于甲水槽水量的 1.2 倍，所以可以用下列算式表示。把甲水槽的水量当作□，列算式如下：

□ ×1.2=3.5+1.24

□ =（3.5+1.24）÷1.2

如果用数线表示就如下图。

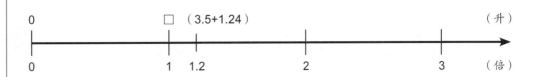

（1）先计算加法。

3.5+1.24=4.74（升）

（2）计算 4.74÷1.2。

①除数和被除数各乘以 10。

②计算 47.4÷12。

（3）得数为 3.95 升。

$$
\begin{array}{r}
3.9\,5 \\
1\,2\,)\overline{4\,7.4} \\
3\,6 \\
\hline
1\,1\,4 \\
1\,0\,8 \\
\hline
6\,0 \\
6\,0 \\
\hline
0
\end{array}
$$

答：甲水槽里有水 3.95 升。

加强练习

1. 小华和小玉用扩胸器做健身运动。小华拉的长度是扩胸器原来长度的 1.6 倍。小玉拉的长度是扩胸器原来长度的 1.4 倍。

小华
1.6 倍

小玉
1.4 倍

两人所拉的长度相差 15.6 厘米。扩胸器原来的长度是多少厘米？

2. 下图是各种果园的面积比例。

苹果园的面积	梨园的面积	桃园的面积

梨园的面积是苹果园面积的 0.56，桃园的面积是梨园面积的 0.75。

梨园的面积和桃园的面积总和比苹果园的面积小 3 平方米。

（1）桃园的面积是苹果园的面积的几倍？

（2）三种果园的面积各是多少平方米？

解答和说明

1. 先画出图来并仔细想一想。

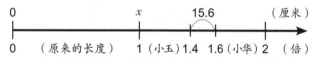

上图是利用数线把题目的重点列出，但因为不太明确，所以先计算 15.6 厘米是原来长度的几倍：1.6－1.4=0.2。

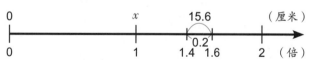

由上图得知 15.6 厘米是原来长度的 0.2 倍。

$x \times 0.2=15.6$　$x=15.6 \div 0.2=78$（厘米）

答：扩胸器原来的长度是 78 厘米。

2. 代表桃园的 0.75 是指桃园的面积为梨园面积的 0.75，所以是以梨园的面积作为基本量，也就是把梨园的面积当作"1"而求得的比例。

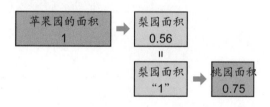

如果以苹果园的面积作为基本量，桃园面积的大小是 0.56 的 0.75 倍，即：

$0.56 \times 0.75=0.42$

答：桃园的面积是苹果园面积的 0.42。

（2）如果把苹果园的面积表示为"1"，梨园的面积是 0.56，桃园的面积是 0.42。梨园面积和桃园面积的总和是 0.56+0.42，而苹果园面积与这二者面积总和的差是：1－（0.56+0.42）=0.02。

$3 \div 0.02=150$（平方米）……苹果园的面积

3. 小学附近的住宅区越来越大，小学的学生人数也越来越多。

去年的学生人数比前年学生人数多了 0.2 倍，今年的学生人数又比去年的学生人数多 0.25 倍。

（1）小英利用下面的算式（0.2+0.25=0.45，所以增加 0.45 倍）计算今年学生人数比去年人数多出 0.45 倍。这种算法是不是正确？如果不正确，请用小数写出正确的答案。

（2）今年的学生人数是 720 人，前年的学生人数是多少人？

150×0.56=84（平方米）……梨园的面积
150×0.42=63（平方米）……桃园的面积

答：苹果园的面积为 150 平方米、梨园的面积为 84 平方米、桃园的面积为 63 平方米。

3.（1）0.2 是以前年学生人数为基准求得的比例，0.25 是以去年的学生人数为基准求得的比例，所以 0.2 与 0.25 不能相加或相减。

把前年的学生人数表示为"1"时，去年增加 0.2，所以去年的学生人数是 1.2。今年学生人数比去年学生人数的 1.2 增加 0.25，所以是 1.2×0.25=0.3，也就是增加了 0.3。把前年的学生人数表示为"1"时，去年的学生人数增加 0.2，而今年的学生人数比去年的学生人数增加了 0.3，所以今年的学生人数比前年的学生人数增加了 0.2+0.3=0.5，也就是增加了 0.5。

（2）把前年的学生人数表示为"1"时，1+0.2=1.2 是去年的学生人数的比例，1.2×（1+0.25）=1.5 是今年的学生人数的比例。如果把前年的学生人数表示为 x，算式为：

$x×1.5=720$　$x=720÷1.5=480$（人）

答案：（1）不正确。正确的答案是 0.5；（2）前年的学生人数是 480 人。

应用问题

1. 小英和小玉把 1 条丝带分成 2 段。小英分得的丝带长度是丝带全长的 0.55，比小玉的丝带长 4.5 厘米。

原来的丝带全长是多少厘米？

2. 去年 4 月时，小青的身高是 132.3 厘米，刚好是弟弟身高的 1.08 倍。

今年 4 月时，小青的身高比去年多了 6.4 厘米，弟弟的身高比去年多了 4.8 厘米。今年小青的身高大约是弟弟身高的几倍？（答案用四舍五入法求到小数第 2 位）

3. 有甲、乙 2 个长方形。乙长方形的面积是甲长方形面积的 0.8 倍。如果按照下图把 2 个长方形重叠，重叠部分的面积是乙长方形面积的 0.2 倍。

此外，用粗线围住的全部面积是 123 平方厘米。甲长方形的面积是多少平方厘米？

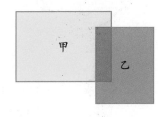

答案：

1. 4.5÷（0.55−0.45）=45（厘米）。

2.（132.3+6.4）÷（132.3÷1.08+4.8）
= 1.089……　　　　　　约 1.09 倍。

3. 0.8×0.2=0.16。

123÷（1+0.8−0.16）=75（平方厘米）。

数的智慧之源

特殊小数的乘法可以变除法

◆ 你可以用心算算出以下的乘法吗？

①
$$\begin{array}{r} 0.52 \\ \times 0.25 \end{array}$$

好像有点困难。

答案很简单，是 0.13。

那这一题呢？

②
$$\begin{array}{r} 72 \\ \times 0.25 \end{array}$$

这一题也不容易吧？这样好了，给你一点暗示。

这是因为已经计算出① 0.52÷4=0.13
② 72÷4=18。

用 4 除的计算，好像就可以心算了，但是为什么用 4 除的得数会一样呢？

 甲 ×0.25 的得数，可以把它想成甲 ÷4 来计算。

从下图中，我们可以知道 0.25 就是 $\frac{1}{4}$

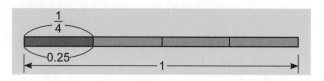

因此，乘以 0.25，就是乘以 $\frac{1}{4}$，换句话说，只要除以 4 就可以了。

用除以 4 计算，比乘以 0.25 的计算似乎简单多了。

● **自己算一算**

① 96×0.25　② 340×0.25

$$\begin{array}{r} 32 \\ \times 0.75 \end{array}$$

会了吧？那么，下面的乘法应该怎么算呢？

嗯，要化为什么样的分数呢？

 甲 ×0.75 和甲 × $\frac{3}{4}$ 的得数相同。

让我们来看一看下图。

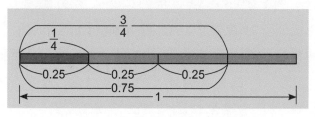

换句话说，就相当于乘上 $\frac{3}{4}$，也就是除以 4，再乘以 3 就可以了。因此，

$$32 \times 0.75 = 32 \times \frac{3}{4}$$
$$= (32 \div 4) \times 3$$
$$= 24$$

这道题用心算就可以很容易地算出来了。

◆ 和 $\frac{1}{8}$ 相等的小数是多少？

$\frac{1}{8}$ =0.125。

因此，乘以 0.125 和乘

以 $\frac{1}{8}$ 是相同的。

$\frac{1}{8}$ 就是 1 除

以 8

$$\begin{array}{r} 0.125 \\ 8\overline{)1.0} \\ \underline{8} \\ 20 \\ \underline{16} \\ 40 \\ \underline{40} \\ 0 \end{array}$$

● **用心算来算算看**

176×0.125

96×0.125

544×0.125

利用前面所学的，你就可以懂得以下所列的算式了。

①	$\frac{1}{8}$ =0.125
②	$\frac{2}{8}$ = $\frac{1}{4}$ =0.25
③	$\frac{3}{8}$ = $\frac{1}{8}$ + $\frac{2}{8}$ =0.125+0.25=0.375
④	$\frac{5}{8}$ = $\frac{1}{8}$ + $\frac{4}{8}$ =0.125+0.5=0.625
⑤	$\frac{7}{8}$ =1− $\frac{1}{8}$ =1−0.125=0.875

● **算一算以下的计算题**

使用哪些分数，就可以用心算来解题呢？

72×0.375

0.72×0.625

7.2×0.875

72×0.375 等于 72÷8=9，9×3=27，因此得数是27。

可以用笔算来验算 72×0.375 的得数。

● **回答以下的问题**

①算一算下面几题计算题。

79.2×3.75

6.08×0.625

464×87.5

②请在□中分别填入适当的数。

371×0.375+325×0.375

=（371+325）× □

=696×0.375

=696÷8× □

= □

数的智慧之源

奇妙的循环小数

把以下分数换算成小数，就成了循环小数。

$$\frac{1}{7}=0.14285714285714\cdots$$

$$\frac{10}{81}=0.12345679012345679012\cdots$$

但是，在这个循环小数的 142857 和 123456790 部分，却有许多奇妙的性质。

首先，我们先从 142857 的奇妙性质来说起。

试着把 142857 乘上 326451。

```
          142857
        × 326451
       ────────────
          142857  ┐
          714285  │
          571428  │ 竖的部分排列
          857142  │ 着相同的数字
          285714  │
          428571  ┘
       ────────────
       46635810507
```

纵列的部分，居然会这么整齐地排列着相同的数，真是不可思议！

从以上的计算中，我们知道如果乘上从 1 到 6 的数，例如，142857×3=428571，也就是原来的数 142857 中最前面的 1 变成最末尾的数。

因此，只要找出适当的乘数，也可以像前面的笔算一样，相同的数直直地排列下来。

$$\frac{10}{13}=0.769230\cdots 如何呢？$$

把 76923 乘上 2、5、6、7、8 等数时，也会发生那种情形。

76923×2=153846

76923×5=　　384615

76923×6=　　　　461538

76923×7= 538461

76923×8=　　　　　　615384

为了变成和前面的笔算相同，请使用 2、5、6、7、8 等数，排成一个 5 位数，乘上 76923。

接下来，我们再把最前面代表 $\frac{10}{81}$ 的循环小数 12345679 请出场。

这个数，如果乘上 1，再乘上 9 的话，就可以排列出 9 个 1 来了；若乘上 2，再乘上 9 的话，就可以排列出 9 个 2 来了，真是奇妙！

12345679×1×9=111111111

12345679×2×9=222222222

我们也可以试一试其他的数。

步印童书馆
编著

北京市数学特级教师 丁益祥
北京市数学特级教师 司梁
「卢说数学」主理人 卢声怡

力联
荐袂

小牛顿

数学分级读物

第五阶 3 分数及分数计算

中国儿童的数学分级读物
培养有创造力的数学思维

讲透原理 ➡ 系统进阶 ➡ 思维转换

电子工业出版社.
Publishing House of Electronics Industry
北京·BEIJING

图书在版编目（CIP）数据

小牛顿数学分级读物. 第五阶.3, 分数及分数计算 /
步印童书馆编著. -- 北京：电子工业出版社, 2024.6
　　ISBN 978-7-121-47693-8

　　Ⅰ.①小… Ⅱ.①步… Ⅲ.①数学－少儿读物 Ⅳ.
①O1-49

　　中国国家版本馆CIP数据核字(2024)第074951号

特别鸣谢本书组稿策划人郑利强先生。

责任编辑：赵　妍　季　萌
印　　刷：当纳利（广东）印务有限公司
装　　订：当纳利（广东）印务有限公司
出版发行：电子工业出版社
　　　　　北京市海淀区万寿路173信箱　邮编：100036
开　　本：889×1194　1/16　印张：19.25　字数：387.6千字
版　　次：2024年6月第1版
印　　次：2024年6月第1次印刷
定　　价：120.00元（全6册）

　　凡所购买电子工业出版社图书有缺损问题，请向购买书店调换。若书店售缺，请与本社发行
部联系，联系及邮购电话：（010）88254888，88258888。

　　质量投诉请发邮件至zlts@phei.com.cn，盗版侵权举报请发邮件至dbqq@phei.com.cn。

　　本书咨询联系方式：（010）88254161转1860，jimeng@phei.com.cn。

分数及其
计算

分数和小数

◉ 小数和分数的大小比较

为了在自然课实验中使用，小诚拿了 0.7 米的漆包线，小娟拿了 $\frac{6}{10}$ 米的漆包线。哪一条漆包线比较长呢？

● 比较 0.7 米和 $\frac{6}{10}$ 米

比较两种形式不同的数，肯定要转化成同一种形式才方便比较，所以在比较小数和分数的大小时，要先统一化为小数或分数之后再来比较。

第一种方法，我们把 $\frac{6}{10}$ 米化为小数之后再作比较。

$\frac{6}{10}$ 和 $6 \div 10$ 相同，因此，$\frac{6}{10} = 6 \div 10 = 0.6$。用小数来表示 $\frac{6}{10}$ 米，就等于 0.6 米。

因为 0.7>0.6，所以，得知小诚的漆包线比较长。

第二种方法，我们再把 0.7 化为分数之后再作比较。

0.7 是 0.1 的 7 倍，0.1 代表 $\frac{1}{10}$，因此，0.7 可用 $\frac{7}{10}$ 来表示。

比较 $\frac{6}{10}$ 和 $\frac{7}{10}$，结果 $\frac{6}{10} < \frac{7}{10}$。

还是小诚的漆包线比较长。

像这样，小数可以用分数来表示，分数也可以用分子除以分母，化为小数来表示。

● 大小相等的分数和小数

把10升的酱油平均分成20瓶，每一瓶有几升的酱油？另外，2瓶有几升的酱油？

在这个问题中，因为我们要把10升的酱油平均分成20瓶，因此，列成算式为：$10 \div 20$。

现在，赶快来计算吧！

$10 \div 20 = 0.5$ ↗

每一瓶装入0.5升的酱油，因此$0.5 + 0.5 = 1$，2瓶有1升的酱油。

整数之间的除法，也可以用分数来表示，如：

$$10 \div 20 = \frac{10}{20}$$

$\frac{10}{20}$约分后就是$\frac{1}{2}$。每一瓶装入$\frac{1}{2}$升的酱油，2瓶装入酱油：$\frac{1}{2} + \frac{1}{2} = \frac{2}{2}$（升）。

1瓶装入酱油是0.5升或$\frac{1}{2}$升，2瓶装入酱油是1升或$\frac{2}{2}$升，答案都一样。我们可以从以下的数线来验算。

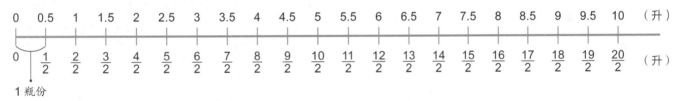

1瓶份

从上图中可以了解，$\frac{1}{2}$和0.5，$\frac{2}{2}$和1大小相同。

同样地，现在我们把2.3化为分数，把$5\frac{3}{4}$化为小数。

2.3可以分成2和0.3。因为0.1等于$\frac{1}{10}$，而$2.3 = 2 + 0.3 = 2 + \frac{3}{10} = 2\frac{3}{10}$，因此2.3可以用$2\frac{3}{10}$表示。

$5\frac{3}{4} = \frac{23}{4} = 23 \div 4 = 5.75$，另外，

$5\frac{3}{4} = 5 + \frac{3}{4} = 5 + 0.75 = 5.75$

因此，分数$5\frac{3}{4}$可以用小数表示成5.75。但是，在分数中，$\frac{1}{3} = 0.3333\cdots$，$\frac{2}{3} = 0.6666\cdots$，$\frac{4}{11} = 0.3636\cdots$就要用循环小数来表示。

整　理

（1）小数可以表示成以10、100……为分母的分数。

（2）分数是分子除以分母，也可以化为小数来表示。

分母不同的分数的加法、减法

真分数的加法、减法

◉ 真分数加真分数的计算

有一个装了 $\frac{1}{3}$ 千克砂糖的杯子，还有一个装了 $\frac{1}{2}$ 千克砂糖的杯子。如果把这两个杯子里的砂糖混合起来，总共变成多少千克呢？

● 列成算式

这个问题是计算两个杯子里的砂糖总重，因此，用加法来计算。列算式为：

$$\frac{1}{3}+\frac{1}{2}$$

● $\frac{1}{3}+\frac{1}{2}$ 的计算方法

如 $\frac{1}{3}+\frac{1}{2}$ 之类，真分数间的加法该怎么计算呢？

在这个计算中，分母 3 和 2 不同，因此，不能和前面所学的分母相同的分数加法时一样，分母保持不变，只把分子相加就能求出和。

另外，如果把分数换算成小数来计算的话，$\frac{1}{3}$ = 0.3333…，化成小数是循环小数，而 $\frac{1}{2}$ 化成小数是 0.5，相加也蛮奇怪的。

那么，应该怎样计算呢？我们还是用图来研究一下。

◆ 用图表示 $\frac{1}{3}$、$\frac{1}{2}$，并想办法让"每份"一样大

用图来表示 $\frac{1}{3}$ 如下。

用图来表示 $\frac{1}{2}$ 如下。

这样，既不会改变分数的大小，还可以表示分母不同的分数。

◆ 用数线来表示，并计算看一看。

分别用数线来表示 $\frac{1}{2}$ 和 $\frac{1}{3}$，并想一想 $\frac{1}{3} + \frac{1}{2}$ 的计算方式。

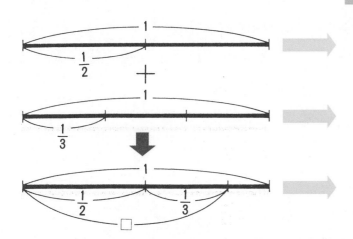

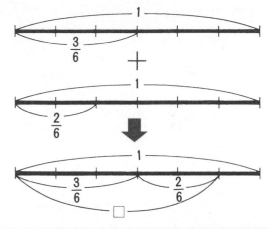

分母不同，换句话说，也就是计数单位不同，因此，不能就这样相加。

通 分

如果分母相同，单位就相同，因此，可以用加法来计算，这叫作通分。

像这种分母不同的分数相加时，只要通分过后就可以计算了。

◆ 用算式来表示

把 $\frac{1}{3} + \frac{1}{3}$ 用算式表示为：

$$\frac{1}{3} + \frac{1}{2} = \frac{2}{6} + \frac{3}{6}$$

$$= \frac{5}{6} \quad \text{——} \quad \boxed{通分}$$

和是 $\frac{5}{6}$，也就是 $\frac{5}{6}$ 千克。

分母不同的分数加法，先通分成相同的分母之后再计算。为了使分母相同，要找出分母间的公倍数。

在 $\frac{1}{3} + \frac{1}{2}$ 的计算中，分母 3 和 2 的公倍数是 6、12、18 等。

只能把分母都转化为 6 吗？试试用 12 作为分母来计算。用算式表示为：

$$\frac{1}{3} + \frac{1}{2} = \frac{4}{12} + \frac{6}{12}$$

$$= \frac{10}{12} \quad \boxed{约分}$$

$$= \frac{5}{6}$$

在这个计算中，分母换算成了相同的 12。但是，计算出的和还需要再约分。

因此，通分的时候，通常尽可能找出分母间的最小公倍数，来求出通分的分母。

◆ 验证其他的分数加法是不是也可以用相同的计算方法。

① $\frac{4}{15}+\frac{2}{5}$ 的计算

分母 15 和 5 的最小公倍数是 15，把 15 作为通分的分母。

$$\frac{4}{15}+\frac{2}{5}=\frac{4}{15}+\frac{6}{15}$$
$$=\frac{10}{15}$$
$$=\frac{2}{3}$$

约分

② $\frac{4}{9}+\frac{5}{6}$ 的计算

分母 9 和 6 的最小公倍数是 18，把 18 作为通分的分母。

※ 也可以直接以假分数为得数。↓

$$\frac{4}{9}+\frac{5}{6}=\frac{8}{18}+\frac{15}{18}$$
$$=\frac{23}{18}=1\frac{5}{18}$$

假分数换算成带分数

因此，我们知道其他的分数加法，也可以用相同的方法来计算。

● 真分数减真分数的计算

有 $\frac{1}{3}$ 千克的砂糖，今天用掉了 $\frac{1}{4}$ 千克，还剩下多少千克的砂糖呢？

● 列成算式

这个问题是要计算剩下的量，因此，用减法来计算。列算式为：

$$\frac{1}{3}-\frac{1}{4}$$

● $\frac{1}{3}-\frac{1}{4}$ 的计算方法

这一题，分母是 3 和 4，也不相同，因此，也要想一想分母不同的分数加法。

◆ 用数线表示。

如果用数线来表示 $\frac{1}{3}$ 的话，就成了以下的情形。

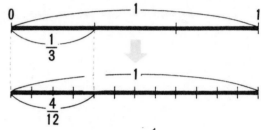

如果用数线来表示 $\frac{1}{4}$ 的话，就成了以下的情形。

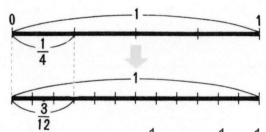

从图中可以知道，$\frac{1}{3}$ 换算成 $\frac{1}{12}$，$\frac{1}{4}$ 换算成 $\frac{3}{12}$，分别以通分的分母来表示。换句话说，就是把它们通分。

◆ 用算式表示看一看。

从数线中我们可以知道，它们通分的分母是 12，因此，通分之后分别变成 $\frac{4}{12}$ 和 $\frac{3}{12}$。

$$\frac{1}{3}-\frac{1}{4}=\frac{4}{12}-\frac{3}{12}$$
$$=\frac{1}{12}$$

答：还剩下的砂糖是 $\frac{1}{12}$ 千克。

像这种分母不同的分数减法，和分数加法的计算方法相同，先通分，再计算。

带分数的加法、减法

◉ 带分数加带分数的计算

小芳昨天读了 $2\frac{1}{4}$ 小时的书，今天又读了 $1\frac{1}{6}$ 小时的书，昨天和今天总共读书几个小时呢？

● 列成算式

这个问题是求昨天和今天的读书时间的总数，因此，要以加法来计算。列算式为：

$$2\frac{1}{4} + 1\frac{1}{6}$$

● $2\frac{1}{4} + 1\frac{1}{6}$ 的计算方法

如 $2\frac{1}{4} + 1\frac{1}{6}$，分母不同的带分数的加法计算，应该怎么做才好呢？

这个计算也是分母不同，首先一定要通分。

带分数通分的时候，整数部分保持原状，只要求出真分数部分分母的最小公倍数就可以了。分母4和6的最小公倍数是12，因此通分之后，就变成 $2\frac{1}{4} = 2\frac{3}{12}$，$1\frac{1}{6} = 1\frac{2}{12}$。

通分完成以后，只要加起来就可以了。

$$2\frac{1}{4} + 1\frac{1}{6} = 2\frac{3}{12} + 1\frac{2}{12}$$
$$= (2+1) + (\frac{3}{12} + \frac{2}{12})$$

$$= 3 + \frac{5}{12}$$
$$= 3\frac{5}{12}$$

答：昨天和今天总共读书 $3\frac{5}{12}$ 小时。

这个计算，在中间过程中整数部分和分数部分的计算如下：

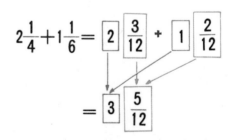

像这样，分母不同的带分数加法，通分过后，要把整数部分和分数部分分开来计算。

分母即使不同，如果经过通分，就可以用和以前相同的计算方法来计算了。

◆ 其他的分数加法，也可以用同样的方法来计算吗？

① $2\frac{3}{4}+3\frac{2}{5}$ 的计算

$$2\frac{3}{4}+3\frac{2}{5}=2\frac{15}{20}+3\frac{8}{20}$$

$$=(2+3)+(\frac{15}{20}+\frac{8}{20})$$ ← 心算

$$=5+\frac{23}{20}$$

$$=5\frac{23}{20}$$

$$=6\frac{3}{20}$$ ← 换算成带分数

② $1\frac{5}{6}+2\frac{1}{18}$ 的计算

$$1\frac{5}{6}+2\frac{1}{18}=1\frac{15}{18}+2\frac{1}{18}$$

$$=(1+2)+(\frac{15}{18}+\frac{1}{18})$$

$$=3+\frac{16}{18}\quad\text{约分}$$

$$=3\frac{8}{9}$$ ← 心算

③ $3\frac{5}{6}+1\frac{1}{2}$

$$3\frac{5}{6}+1\frac{1}{2}=3\frac{5}{6}+1\frac{3}{6}$$

$$=(3+1)+(\frac{5}{6}+\frac{3}{6})$$

$$=4+\frac{8}{6}\quad\text{约分}$$ ← 心算

$$=4\frac{4}{3}$$

$$=5\frac{1}{3}$$ ← 换算成带分数

因此，我们知道其他的分数加法，也可以用同样的方式来计算。

◉ 带分数减带分数的计算

有一个可以装 $2\frac{3}{4}$ 升水的瓶子，和一个可以装 $1\frac{1}{3}$ 升水的瓶予，哪一个瓶子的容量比较多？多多少呢？

在这个问题中，我们要求的是两个瓶子容量的差，因此，要用容量多的减掉容量少的。列算式为：

$$2\frac{3}{4}-1\frac{1}{3}$$

● $2\frac{3}{4}-1\frac{1}{3}$ 的计算方法

这个减法计算题中，由于它们的分母不同，因此，先要把分母通分，再计算。整数部分还是不用转化。通分后，如下：

$2\frac{3}{4}=2\frac{9}{12}$，$1\frac{1}{3}=1\frac{4}{12}$，因此，

$$2\frac{3}{4}-1\frac{1}{3}=2\frac{9}{12}-1\frac{4}{12}$$

$$=(2-1)+(\frac{9}{12}-\frac{4}{12})$$

$$=1+\frac{5}{12}$$

$$=1\frac{5}{12}$$

得数是 $1\frac{5}{12}$，也就是容量 $2\frac{3}{4}$ 升的瓶子可以多装 $1\frac{5}{12}$ 升。

● $4\frac{1}{5}-2\frac{2}{3}$ 的计算方法

这个题目中，分数的分母也不同，因此必须先通分再计算。通分后，如下：

$$4\frac{1}{5}=4\frac{3}{15}，2\frac{2}{3}=2\frac{10}{15}$$

分母通分后，只要再把整数部分和分数部分分开来计算就可以了。但是，在这个计算中，整数部分可以计算，但分数部分是 $\frac{3}{15}-\frac{10}{15}$，无法计算。

像这种被减数比减数小的情况，就必须像下面一样，把被减数换算后再来计算。

$$4\frac{3}{15}=\boxed{3+1}+\frac{3}{15}$$

$$=3+\boxed{\frac{15}{15}}+\frac{3}{15}$$

$$=3+\boxed{\frac{18}{15}}$$

$$=3\frac{18}{15}$$

整数中，分成 3 和 1（①）。然后 1 用分数表示成 $\frac{15}{15}$（②）再和 $\frac{3}{15}$ 相加，就变成 $\frac{18}{15}$（③）。

换句话说，就是把 $4\frac{3}{15}$ 换算成 $3\frac{18}{15}$ 来计算。也就是说，分数部分的减法，当减数比被减数大的时候，就必须把整数中的 1 换算成分数了。这实际上与整数减法"不够减，要从高位退 1"的道理是一样的。

$$4\frac{1}{5}-2\frac{2}{3}=4\frac{3}{15}-2\frac{10}{15}$$

$$=3\frac{18}{15}-2\frac{10}{15}$$

$$=(3-2)+\left(\frac{18}{15}-\frac{10}{15}\right)$$

$$=1+\frac{8}{15}$$

$$=1\frac{8}{15} \quad \text{心算}$$

答：$1\frac{18}{15}$。

另外，通分以后，可以试着用心算求出答案。这时，勤加练习是很重要的。

◆ 其他的分数减法，是不是也可以用相同的方法来计算呢？

① $4\frac{5}{8}-1\frac{5}{12}$ 的计算

$$4\frac{5}{8}-1\frac{5}{12}=4\frac{15}{24}-1\frac{10}{24}$$

$$=(4-1)+\left(\frac{15}{24}-\frac{10}{24}\right)$$

$$=3+\frac{5}{24}$$

$$=3\frac{5}{24} \quad \text{心算}$$

② $5\frac{3}{4}-1\frac{5}{6}$ 的计算

$$5\frac{3}{4}-1\frac{5}{6}=5\frac{9}{12}-1\frac{10}{12}$$

$$=4\frac{21}{12}-1\frac{10}{12}$$

$$=(4-1)+\left(\frac{21}{12}-\frac{10}{12}\right)$$

$$=3\frac{11}{12} \quad \text{心算}$$

由上可知，其他的分数减法也可以用相同的方法来计算。现在你是不是已经了解带分数之间的减法了呢？

3个以上分数的加法、减法

3个以上分数的加法

有甲、乙、丙3个小包裹，甲重 $2\frac{2}{3}$ 千克，乙重 $1\frac{5}{6}$ 千克，丙重 $2\frac{4}{9}$ 千克。

把这3个小包裹加起来，总共有几千克重呢？

在这个问题中，我们要计算的是甲、乙、丙3个小包裹的总重，因此要使用加法来计算。列算式如下：

$$2\frac{2}{3}+1\frac{5}{6}+2\frac{4}{9}$$

● $2\frac{2}{3}+1\frac{5}{6}+2\frac{4}{9}$ 的计算方法

我们来想一想像 $2\frac{2}{3}+1\frac{5}{6}+2\frac{4}{9}$ 这一类3个以上分数的加法计算方法。

这3个分数的分母各不相同，因此，我们必须先把分母通分以后再计算。

把 $2\frac{2}{3}$、$1\frac{5}{6}$、$2\frac{4}{9}$ 通分。因为3、6、9的最小公倍数是18，通分后，3个分数为：

$2\frac{12}{18}$、$1\frac{15}{18}$、$2\frac{8}{18}$。因此，这个计算就成为

$$2\frac{2}{3}+1\frac{5}{6}+2\frac{4}{9}$$
$$=2\frac{12}{18}+1\frac{15}{18}+2\frac{8}{18}$$
$$=(2+1+2)+\left(\frac{12}{18}+\frac{15}{18}+\frac{8}{18}\right)$$
$$=5\frac{35}{18}=6\frac{17}{18}$$

3个以上分数的加法，也要先通分后，再把整数部分和分数部分分开来计算。

🐸 动脑时间

埃及的分数

距今大约三千多年以前，古埃及人所使用的分数，和我们现在使用的分数不一样，他们只使用分子是1的分数。现在，我们所使用的分数中，当有2个物品平均分给3个人的时候，每个人可以取得2个 $\frac{1}{3}$，也算是想成 $\frac{2}{3}=\frac{1}{3}+\frac{1}{3}$。那么，古埃及人是怎么计算的呢？首先，把2个

分成每 $\frac{1}{2}$ 为一份，分给3个人，剩下的 $\frac{1}{4}$ 再分成3等份，分给3个人。结果每一人份是 $\frac{1}{2}$ 加上 $\frac{1}{2}$ 的 $\frac{1}{3}$，也就是：$\frac{1}{2}+\frac{1}{6}=\frac{2}{3}$。

那么，$\frac{3}{4}$ 和 $\frac{2}{5}$ 又该如何表示呢？请用分子全部为1的分数来表示。

结果为：$\frac{3}{4}=\frac{2}{4}+\frac{1}{4}=\frac{1}{2}+\frac{1}{4}$；$\frac{2}{5}=\frac{1}{3}+\frac{1}{15}$。

◉ **3 个以上分数的减法**

有 $5\frac{1}{4}$ 升的石油，昨天用掉了 $2\frac{5}{6}$ 升，今天又用掉了 $\frac{1}{2}$ 升，最后还剩下几升呢？

在这个问题中，我们要计算出当石油的总量用掉了昨天的量和今天的量以后还剩下的量，因此，可以使用减法来计算。列算式为：

$$5\frac{1}{4} - 2\frac{5}{6} - \frac{1}{2}$$

● $5\frac{1}{4} - 2\frac{5}{6} - \frac{1}{2}$ 的计算方法

这个计算中的分数分母也不同，因此要先通分之后再计算。分母 4、6、2 的最小公倍数是 12，通分后，变成 $5\frac{1}{4}=5\frac{3}{12}$、$2\frac{5}{6}=2\frac{10}{12}$、$\frac{1}{2}=\frac{6}{12}$。

这个算式，我们可以用以下的两种方法来计算。

方法 1：把 3 个分数整理后一并计算。

$$5\frac{1}{4} - 2\frac{5}{6} - \frac{1}{2} = 5\frac{3}{12} - 2\frac{10}{12} - \frac{6}{12}$$
$$= 3\frac{27}{12} - 2\frac{10}{12} - \frac{6}{12}$$

$$= (3 - 2) + \left(\frac{27}{12} - \frac{10}{12} - \frac{6}{12} \right)$$
$$= 1\frac{11}{12}$$

方法 2：先计算两个分数。

$$5\frac{1}{4} - 2\frac{5}{6} - \frac{1}{2} = 5\frac{3}{12} - 2\frac{10}{12} - \frac{6}{12}$$
$$= \left(4\frac{15}{12} - 2\frac{10}{12} \right) - \frac{6}{12}$$
$$= 2\frac{5}{12} - \frac{6}{12}$$
$$= 1\frac{17}{12} - \frac{6}{12}$$
$$= 1\frac{11}{12}$$

结果都是 $1\frac{11}{12}$。两种计算方法在计算的过程中，当减数的分数比被减数的分数大的时候，要把整数换成分数来计算。

其中，3 个以上的分数相加或相减时，有时候根据"加法交换律"改变计算的顺序，说不定反而比较快。

$$1\frac{2}{3} - \frac{3}{4} + \frac{1}{3} = \left(1\frac{2}{3} + \frac{1}{3} \right) - \frac{3}{4}$$
$$= 2 - \frac{3}{4}$$
$$= 1\frac{1}{4}$$

整　理

(1) 分母不同的真分数的加法、减法，必须先通分以后再计算。通分的时候，通常都以分母间的最小公倍数作为分母。

(2) 分母不同的带分数的加法、减法，通分以后再把整数部分和分数部分分开来计算。

(3) 3 个以上分数的加法、减法，也必须先通分以后再计算。

分数与小数的加法、减法

分数与小数的加法及减法

分数与小数混合加法要如何计算呢？就以下的问题想一想吧！

在小瓶中加入果汁 0.5 升，而在容量 1 升的大瓶内加入 $\frac{2}{5}$ 升的果汁。

小瓶内的果汁是以小数来表示的，大瓶内的果汁则以分数来表示。

将两瓶合起来，会是几升果汁呢？

若要求出上面的问题，只要将加法的算式列出，就可马上明白。其算式为：

$$0.5 + \frac{2}{5}$$

然而，小数与分数是不能就这样计算的哦！

总共有几升？

不过，以下面的数线来看，就能立刻知道是 0.9 升了。因此，算式为：

$$0.5 + \frac{2}{5} = 0.9 \text{（升）}$$

那么，这个计算要如何做才比较好呢？

在数线上看，就容易了解多了。

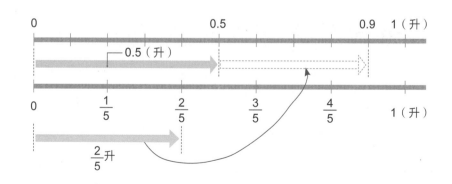

● 分数换算成小数

分数与小数的加法，并不能直接计算。我们先把分数换算成小数，再以小数＋小数的方法来计算。

从右边的数线看来，

$\frac{2}{5}$=0.4。因此，

$0.5+\frac{2}{5}$=0.5+0.4

　　　　=0.9

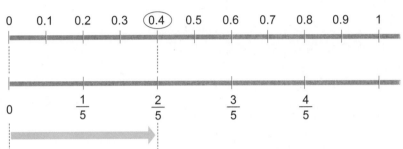

所得的和等于0.9。其他的分数和小数的加法也可如此求得吗？快来弄清楚吧！

◆ 计算 $0.8+\frac{1}{4}$

$\frac{1}{4}$=0.25。因此，

$0.8+\frac{1}{4}$=0.8+0.25

　　　　=1.05

即可算出和等于1.05。

◆ 计算 $\frac{5}{8}$+0.35

$\frac{5}{8}$=0.625。因此，

$\frac{5}{8}$+0.35=0.625+0.35

　　　　=0.975

即可算出和等于0.975。

◆ 计算 $0.75+\frac{2}{3}$

$\frac{2}{3}$=0.666…

在这种情况下，分数就不能换算成有限小数来计算了。

学习重点

分数与小数混合加减的计算方法。

把分数换算成小数虽然是一种很好的想法，但是有些分数是不能换算成有限小数的（如$\frac{2}{3}$=0.666…），所以，换一种方式，试一试把小数换算成分数的计算方法。

有些分数不能换算成有限小数，所以用此计算方法并不能解开所有的问题。
$\frac{5}{6}$=0.833…
这也是不能完全换算成小数的哟！

● 小数换算成分数

把 $0.5+\dfrac{2}{5}$ 这个算式，改用小数换算成分数的方法来计算吧！

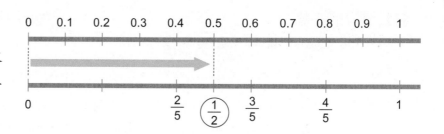

可由右侧的数线知道，

$$0.5=\frac{5}{10}=\frac{1}{2}$$

是可以换算成分数的。因此，

$$0.5+\frac{2}{5}=\frac{1}{2}+\frac{2}{5}$$
$$=\frac{5}{10}+\frac{4}{10} \quad \blacktriangleleft \text{通分}$$
$$=\frac{9}{10}$$

计算后，和为 $\dfrac{9}{10}$。若将 $\dfrac{9}{10}$ 换算为 0.9，就跟分数换算成小数计算的结果相符合了。

让我们再试一试下面的计算吧。

◆ 计算 $0.8+\dfrac{1}{4}$

$0.8=\dfrac{\overset{4}{\cancel{8}}}{\underset{5}{\cancel{10}}}=\dfrac{4}{5}$。因此，

$$0.8+\frac{1}{4}=\frac{4}{5}+\frac{1}{4}$$
$$=\frac{16}{20}+\frac{5}{20} \quad \blacktriangleleft \text{通分}$$
$$=\frac{21}{20}$$
$$=1\frac{1}{20}$$

可以计算出和等于 $1\dfrac{1}{20}$。

◆ 计算 $\dfrac{5}{8}+0.35$

$0.35=\dfrac{\overset{7}{\cancel{35}}}{\underset{20}{\cancel{100}}}=\dfrac{7}{20}$。因此，

$$\frac{5}{8}+0.35=\frac{5}{8}+\frac{7}{20}$$
$$=\frac{25}{40}+\frac{14}{40} \quad \blacktriangleleft \text{通分}$$
$$=\frac{39}{40}$$

可以计算出和等于 $\dfrac{39}{40}$。

◆ 计算 $0.75+\dfrac{2}{3}$

$0.75=\dfrac{75}{100}=\dfrac{3}{4}$。因此，

$$0.75+\frac{2}{3}=\frac{3}{4}+\frac{2}{3}$$
$$=\frac{9}{12}+\frac{8}{12} \quad \blacktriangleleft \text{通分}$$
$$=\frac{17}{12}$$
$$=1\frac{5}{12}$$

可以算出和等于 $1\dfrac{5}{12}$。

像这样，小数因为一定可以换算成分数，所以做小数与分数混合加法时，还是把小数换算成分数来计算比较好。

分数与小数的减法

试一试把分数与小数混合的减法，分别以分数换算成小数或小数换算成分数的方式计算。

● 分数换算成小数

◆ 计算 $0.6 - \dfrac{1}{4}$

$\dfrac{1}{4} = 0.25$。因此，

$$0.6 - \dfrac{1}{4} = 0.6 - 0.25$$
$$= 0.35$$

可以计算出得数是 0.35。

◆ 计算 $\dfrac{5}{6} - 0.7$

$\dfrac{5}{6} = 0.8333\cdots$

$\dfrac{5}{6}$ 不能换算成有限小数。因此，在这种情况时，就不太适合把分数换算成小数来计算。

● 小数换算成分数

将以分数换算成小数的方法所算过的算式，再用小数换算成分数的方法来计算。

◆ 计算 $0.6 - \dfrac{1}{4}$

$0.6 = \dfrac{\overset{3}{\cancel{6}}}{\underset{5}{\cancel{10}}} = \dfrac{3}{5}$。因此，

$$0.6 - \dfrac{1}{4} = \dfrac{3}{5} - \dfrac{1}{4}$$
$$= \dfrac{12}{20} - \dfrac{5}{20} = \dfrac{7}{20} \quad \text{通分}$$

得数就是 $\dfrac{7}{20}$。

◆ 计算 $\dfrac{5}{6} - 0.7$

$0.7 = \dfrac{7}{10}$。因此，

$$\dfrac{5}{6} - 0.7 = \dfrac{5}{6} - \dfrac{7}{10}$$
$$= \dfrac{25}{30} - \dfrac{21}{30} \quad \text{通分}$$
$$= \dfrac{\overset{2}{\cancel{4}}}{\underset{15}{\cancel{30}}} = \dfrac{2}{15}$$

得数就是 $\dfrac{2}{15}$。

跟分数加法一样，将小数换算成分数后，再计算就很简单了。

整 理

分数和小数的混合加法及减法，通常都是将小数换算成分数来计算。除非那个分数很常见，容易转化成小数。

综合测验

做一做下列的计算：

① $0.5 + \dfrac{1}{3}$

② $\dfrac{5}{8} - 0.2$

③ $3.2 + 1\dfrac{3}{4}$

④ $1.25 - \dfrac{3}{4}$

⑤ $2\dfrac{5}{6} + 9.6$

⑥ $3\dfrac{1}{3} - 0.8$

综合测验答案：① $\dfrac{5}{6}$；② $\dfrac{17}{40}$（0.425）；③ $4\dfrac{19}{20}$（4.95）；④ $\dfrac{1}{2}$（0.5）；⑤ $12\dfrac{13}{30}$；⑥ $2\dfrac{8}{15}$。

乘以整数的计算

真分数 × 整数的计算

◉真分数 × 整数的计算 (1)

有4个容量为1升的容器，每一个容器倒入 $\frac{2}{3}$ 升的果汁，总共有多少升的果汁？

想一想它的计算方法。

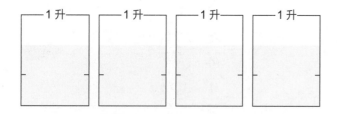

●列成算式

在这个问题中，要求出果汁的总量时，应该列出什么样的算式呢？

◆ 列文字算式来想一想。

例如，有4个容器，每一个容器倒入5升果汁，这时，

5×4=20（升）

一个容器的量 × 个数 = 总量

列乘法算式来计算。

在这个问题中，倒入 $\frac{2}{3}$ 升果汁的容器共有4个，因此，若以相同的方法来计算，

$\frac{2}{3}$ ×4=?（升）

1个容器的量 × 个数 = 总量

我们知道可以用算式来计算。

◆ 用数线来计算看一看。

如果倒有5升果汁的容器有4个，用以下的数线来表示的话，因为容器个数变成4倍，因此果汁量也会变成4倍。

□=5×4=20，可以用乘法算式来计算。

在这个问题中，有4个容器，每一个容器里倒进了 $\frac{2}{3}$ 升的果汁，因此，同样的，如果用以下的数线来计算的话，果汁的量也变成4倍。□ = $\frac{2}{3}$ ×4，可以用乘法算式来计算。

像这样，使用整数或小数计算的问题，变成分数也是相同的计算方法，可以用乘法来计算。

● 计算的方法

求果汁总量的算式是 $\frac{2}{3} \times 4$。那么，这应该如何计算才好呢？

◆ 首先，把分数换算成小数之后，再计算。

$$\frac{2}{3} = 2 \div 3$$
$$= 0.666\cdots$$

无法除尽。因此我们把 0.666… 以大约 0.7 来计算。算式变成：

$$0.7 \times 4 = 2.8（升）$$

得数约为 2.8 升。但是，这种方法算出来的得数却又不是很准确的。也就是说分数乘整数，转化成小数乘整数计算并不方便。

◆ 想一想，是不是能把乘法换算成加法来计算？

$\frac{2}{3} \times 4$ 和把 $\frac{2}{3}$ 加 4 次相同，因此，

$$\frac{2}{3} \times 4 = \frac{2}{3} + \frac{2}{3} + \frac{2}{3} + \frac{2}{3}$$
$$= \frac{8}{3}$$
$$= 2\frac{2}{3}（升）$$

我们知道得数变成 $2\frac{2}{3}$ 升。但是，把乘法换成一个一个加法来计算，实在是太麻烦了。

得数变成 $2\frac{2}{3}$ 升，但是有没有更好的计算方法呢？

◆ 想一想 $\frac{2}{3} \times 4$ 的计算方法。

$\frac{2}{3}$ 是 $\frac{1}{3}$ 的 2 倍。

因此，$\frac{2}{3} \times 4$，可以想成 $\frac{1}{3}$ 的 8 倍。

换句话说，$\frac{2}{3} \times 4$ 就是 $\frac{1}{3}$ 的（2×4）倍。

把它用算式来表示如下：

$$\frac{2}{3} \times 4 = \frac{2 \times 4}{3} \qquad \cdots\cdots 分子乘上整数$$
$$\qquad\qquad\qquad \cdots\cdots 分母保持不变$$
$$= \frac{8}{3}$$
$$= 2\frac{2}{3} \qquad \cdots\cdots 假分数换算成带分数$$

像这种真分数 × 整数的计算，分母保持原状，只要把分子乘上整数就可以了。这时候，如果求出的得数是假分数的话，再换算成带分数。

另外，假分数 × 整数的计算，也以和真分数 × 整数相同的方法来计算。

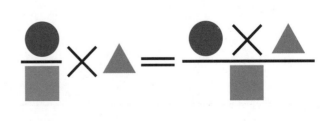

●真分数 × 整数的计算（2）

有 4 个罐子，每个罐子装有 $\frac{5}{6}$ 千克的砂糖，总共装有多少千克的砂糖呢？想一想它的计算方法。

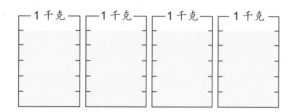

● 列成算式

在这个问题中，我们要计算出砂糖的总重，应该列出什么样的算式呢？

◆ 以文字算式来想一想。

每一个罐子里装入了 $\frac{5}{6}$ 千克的砂糖。这样的罐子有 4 个，因此，

$$\frac{5}{6} \times 4 = ?（千克）$$

1个罐子所装的量 × 个数 = 总量

所以，这个问题可以用乘法来计算。

◆ 用数线来计算看一看。

这个问题中，有4个分别装有 $\frac{5}{6}$ 千克的砂糖罐，如果用以下的数线来计算，砂糖重也会变成4倍，$\square = \frac{5}{6} \times 4$，可以用乘法来计算。

从数线中，我们知道这个问题可以列成 $\frac{5}{6} \times 4$ 的算式。

● 计算方法

我们已经知道计算砂糖总重的算式是 $\frac{5}{6} \times 4$ 了。那么，就让我们来计算这个算式，求出得数。

利用前面学过的真分数 × 整数的计算方法来计算这一题。

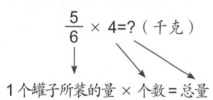

$$\frac{5}{6} \times 4 = \frac{5 \times 4}{6}$$

$$= \frac{\overset{10}{\cancel{20}}}{\underset{3}{\cancel{6}}} \quad \text{约分}$$

$$= \frac{10}{3}$$

$$= 3\frac{1}{3}$$

得数可以约分的时候，记得要约分。把假分数换算成带分数以后，得数变成 $3\frac{1}{3}$。

还有以下的计算方法。

$$\frac{5}{6} \times 4 = \frac{5 \times \overset{2}{\underset{3}{4}}}{6}$$ 约分

$$= \frac{10}{3}$$

$$= 3\frac{1}{3}$$

虽然得数也是 $3\frac{1}{3}$，但是约分的方法不一样。

在前面的计算中，是算出得数后再约分；但是，在后面的计算，则是在计算过程中约分的。

哪一个方法比较简单呢?

现在，我们把 $\frac{5}{24} \times 4$，用以上两个方法来计算，对比看一看。

● **算出得数再约分**

$$\frac{5}{24} \times 4 = \frac{5 \times 4}{24}$$

$$= \frac{\overset{5}{20}}{\underset{6}{24}}$$

$$= \frac{5}{6}$$

● **在计算过程中约分**

$$\frac{5}{24} \times 4 = \frac{5 \times \overset{1}{4}}{24}$$

$$= \frac{5}{\underset{6}{6}}$$

计算后的得数都是 $\frac{5}{6}$。比较这两种计算方法，结果可以发现，在计算过程中约分比较简单。

那么，$\frac{25}{63} \times 18$ 的计算如何呢? 我们还是用这种方法来计算看一看。

● **算出答案再约分**

$$\frac{25}{63} \times 18 = \frac{25 \times 18}{63}$$

$$= \frac{\overset{50}{450}}{\underset{7}{63}}$$

$$= \frac{50}{7}$$

$$= 7\frac{1}{7}$$

● **在计算过程中约分**

$$\frac{25}{63} \times 18 = \frac{25 \times \overset{2}{18}}{\underset{7}{63}}$$

$$= \frac{50}{7}$$

$$= 7\frac{1}{7}$$

计算后的得数都是 $7\frac{1}{7}$。

因为数比较大，那就更明显是在计算过程中约分比较简单哦。

我明白了，在计算的时候先约分的话，计算过程就更简单了。

※ 分数的乘法，如果在计算过程中可以约分的话，先约分，再计算，会比较简单。

带分数 × 整数的计算

小诚用榨汁机榨果汁，1 次榨出果汁 3 杯又 $\frac{2}{3}$，榨果汁 2 次的话，可以榨出多少果汁呢？

3 次的话又变成多少呢？

第 1 次榨 3 $\frac{2}{3}$ 杯
第 2 次榨几杯？
第 3 次榨几杯？

● 3 $\frac{2}{3}$ ×2 的计算

1 次可以榨出果汁 3 $\frac{2}{3}$ 杯，榨 2 次出

果汁的量，可以用 3 $\frac{2}{3}$ ×2 来计算。

◆ 想一想，3 $\frac{2}{3}$ ×2 的计算方法。

算法一：用图来表示，3 $\frac{2}{3}$ 杯可以分

成 3 杯和 $\frac{2}{3}$ 杯，用算式表示如下：

$$3\frac{2}{3} \times 2 = \left(3 + \frac{2}{3}\right) \times 2$$
$$= 6 + \frac{2 \times 2}{3}$$
$$= 6 + \frac{4}{3} \longrightarrow \frac{4}{3} \text{也就是} 1\frac{1}{3}$$
$$= 7\frac{1}{3} \text{（杯）}$$

得数是 7 $\frac{1}{3}$ 杯，所以，我们知道，榨

2 次可以做出 7 $\frac{1}{3}$ 杯的果汁。

像这样，把带分数 × 整数的计算，分成整数和真分数，然后再分别乘上整数来计算的方法，实在很复杂。

假分数 × 整数和真分数 × 整数的计算方法相同，我们在前面已经学过了。

算法二：如果我们把带分数换算成假分数后再计算，会怎么样呢？

3 $\frac{2}{3}$ 换算成假分数是 $\frac{11}{3}$。

$$\frac{11}{3} \times 2 = \frac{11 \times 2}{3}$$
$$= \frac{22}{3}$$
$$= 7\frac{1}{3} \text{（升）}$$

得数同样也是 7 $\frac{1}{3}$。

你喜欢哪一种算法？

带分数先换成假分数来计算，做起来结构比较简单，但是过程中数会大一些。

带分数乘上假分数的时候，可以把带分数拆成整数和分数，用乘法分配率再计算。也可以把带分数转化成假分数之后再计算。

● $3\frac{2}{3}$ ×3 的计算

我们再来算一算榨 3 次可以出多少杯果汁来。列成算式，同样可以用 $3\frac{2}{3} \times 3$ 的乘法来计算。

这一次和前面相同，用两种方法来计算，看一看到底哪一种方法比较简单。

◆ 算法一：直接以带分数的形式，乘上整数的方法来计算。

$$3\frac{2}{3} \times 3 = (3 + \frac{2}{3}) \times 3$$
$$= 9 + \frac{2 \times \overset{1}{3}}{\underset{1}{3}}$$
$$= 11$$

得数是 11，因此榨 3 次可以做出 11 杯果汁。

◆ 算法二：换算成假分数之后再计算。

$$\frac{11}{3} \times 3 = \frac{11 \times \overset{1}{3}}{\underset{1}{3}}$$
$$= 11$$

$3\frac{2}{3}$ 换算成假分数就变成 $\frac{11}{3}$。

得数还是 11。像这样，带分数 × 整数的计算，可以换算成假分数，用和真分数 × 整数相同的方法来计算。

综合测验

计算下列各题：

① $\frac{2}{7} \times 3$　② $\frac{3}{8} \times 2$　③ $\frac{3}{14} \times 6$

④ $1\frac{4}{5} \times 4$　⑤ $3\frac{2}{9} \times 6$

⑥ $2\frac{5}{6} \times 12$　⑦ $3\frac{3}{4} \times 7$

⑧ $2\frac{4}{7} \times 3$

整　理

（1）在整数和小数中，利用乘法可以解答的问题，即使变成分数，也可以用同样的方法来列式。

（2）分数 × 整数的计算，分母保持不变，分子乘上整数。

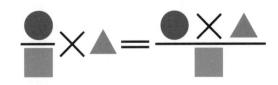

（3）带分数 × 整数的计算，可以把带分数换成假分数后再计算。

综合测验答案：① $\frac{6}{7}$；② $\frac{3}{4}$；③ $1\frac{2}{7}$；④ $7\frac{1}{5}$；⑤ $19\frac{1}{3}$；⑥ 34；⑦ $26\frac{1}{4}$；⑧ $7\frac{5}{7}$。

除以整数的计算

◉ 分数除法的意义

瓶子里装了$\frac{4}{5}$升的牛奶。把这些牛奶平均倒进2个杯子里，每一个杯子倒了多少升的牛奶呢？

另外，如果平均倒进3个杯子的话又如何呢？整数时，可以分成2等份、3等份。那么分数的话，是不是也能分成2等份、3等份呢？

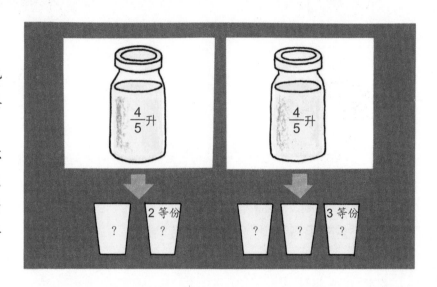

把$\frac{4}{5}$升分成2等份。

从右图中，我们知道$\frac{4}{5}$也可以分成2等份。

从图中，我们还可以看出$\frac{4}{5}$升的一半就是$\frac{2}{5}$升。

列成算式，和整数时的计算相同，写成：

$$\frac{4}{5} \div 2$$

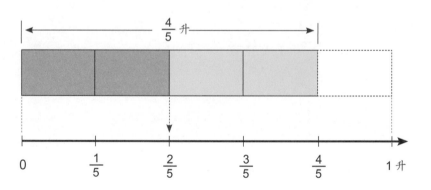

那么，我们再来想一想这个算式应该怎么计算呢？

首先，我们知道$\frac{4}{5}$是集合了4个$\frac{1}{5}$的数，因此，$\frac{4}{5} \div 2$用$4 \div 2$，可以想成是集合了2个$\frac{1}{5}$的数。

因此，可以计算成：

$$\frac{4}{5} \div 2 = \frac{4 \div 2}{5}$$
$$= \frac{2}{5}$$

得数是$\frac{2}{5}$，1杯就是$\frac{2}{5}$升。

由此可知，分数也可以用整数来除。

• 把 $\frac{4}{5}$ 升分成 3 等份

$\frac{4}{5}$ 也可以分成 3 等份。从数线中我们可以看出，$\frac{4}{5} \div 3$ 的得数是一个比 $\frac{1}{5}$ 大、比 $\frac{2}{5}$ 小的数。

那么这个除法问题，应该怎么计算呢？

如果换算成小数的话如何呢？

◆ 换算成小数计算。

$\frac{4}{5}$ 换算成小数，就变成 0.8，因此

$$\frac{4}{5} \div 3 = 0.8 \div 3$$
$$= 0.2666\cdots$$

结果除不尽。

用换算成小数来计算的方法，不能很精确地分成 3 等份。

把分数的算式加以变化。

在前一页中的 $\frac{4}{5} \div 2$，分子用 2 除，可以除得尽，因此，马上可以算出：

$$\frac{4}{5} \div 2 = \frac{4 \div 2}{5}$$
$$= \frac{2}{5}。$$

在这个算式中，如果把它换算成和 $\frac{4}{5}$ 相等，而且分子用 3 除得尽的分数，似乎就可以了。

$$\frac{4}{5} = \frac{8}{10} = \boxed{\frac{12}{15}} = \frac{16}{20} \cdots\cdots$$

学习重点

① 把分数分成 2 等份、3 等份的意义。

② 分数 ÷ 整数的计算方法。

③ 带分数 ÷ 整数的计算方法。

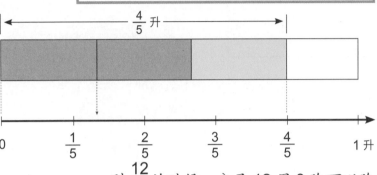

到 $\frac{12}{15}$ 的时候，分子 12 用 3 除可以除得尽，因此，

$$\frac{4}{5} \div 3 = \frac{12}{15} \div 3$$
$$= \frac{12 \div 3}{15} = \frac{4}{15}$$

可以计算出得数是 $\frac{4}{15}$。

◆ 用图来计算。

在下面的图形中，整体用 "1" 来表示，实线部分相当于 $\frac{4}{5}$。接下来，再从竖的方向分成 3 等份，总共分成了 15 等份。因此，$\frac{4}{5} \div 3$ 的得数，就是绿色的部分，这是指有 4 个 $\frac{1}{15}$，因此，

$$\frac{4}{5} \div 3 = \frac{1}{15} \times 4$$
$$= \frac{4}{15}$$

得数也是 $\frac{4}{15}$。

●分数 ÷ 整数的计算方法

$\dfrac{4}{5} \div 3$ 的计算方法

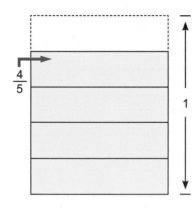

◆我们更仔细地来想一想 $\dfrac{4}{5} \div 3$ 的计算。

①从横的方向把1分成5等份。黄色部分就相当于 $\dfrac{4}{5}$。

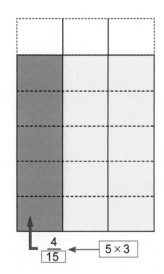

②从竖的方向再分成3等份，于是 $\boxed{5 \times 3}$，等于分成了15等份，绿色部分相当于 $\dfrac{4}{15}$。

$\dfrac{4}{5} \div 3$，$\dfrac{1}{15}$ 有4份，因此，就变成了 $\dfrac{4}{15}$。

$$\dfrac{4}{5} \div 3 = \dfrac{4}{5 \times 3} = \dfrac{4}{15}$$

从以上的说明可以知道 $\dfrac{4}{5} \div 3$ 的计算，只要把被除数 $\dfrac{4}{5}$ 的分母5，乘上除数3，就可以求出得数来了。

接下来，我们就用各种不同的算式来证明。

分数 ÷ 整数，是不是都可以利用相同的方法来计算呢？

（1）

$$\dfrac{5}{6} \div 3$$
$$= \dfrac{5}{6 \times 3}$$
$$= \dfrac{5}{18}$$

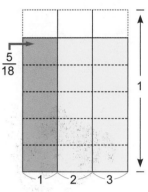

（2）

$$\dfrac{5}{9} \div 4$$
$$= \dfrac{5}{9 \times 4}$$
$$= \dfrac{5}{36}$$

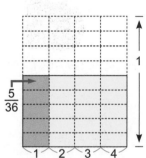

（3）

$$\dfrac{2}{3} \div 5$$
$$= \dfrac{2}{3 \times 5}$$
$$= \dfrac{2}{15}$$

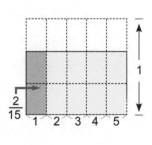

每一个计算，都可以把被除数分数的分母乘上整数的除数。

$$\dfrac{\blacktriangle}{\bullet} \div \blacksquare = \dfrac{\blacktriangle}{\bullet \times \blacksquare}$$

• $\frac{4}{7} \div 2$ 的计算方法

下面我们利用前一页学过的方法来计算 $\frac{4}{7} \div 2$。

$$\frac{4}{7} \div 2 = \frac{4}{7 \times 2}$$

$$= \frac{\overset{2}{\cancel{4}}}{\underset{7}{\cancel{14}}} \quad \text{约 分}$$

$$= \frac{2}{7}$$

这道题在计算时和前一页不同的地方是得数先出来以后再约分。

这个计算如果像下面一样，是在计算过程中先约分的话，则会变得更简单。

$$\frac{4}{7} \div 2 = \frac{\overset{2}{\cancel{4}}}{7 \times \underset{1}{\cancel{2}}} \quad \text{约 分}$$

$$= \frac{2}{7}$$

在计算的过程中约分，既快又正确哦！在以下的计算题中，我们就来试一试吧。

◆ 我们把在计算过程中约分的算法的优势，以各种不同的算式来证明。

• $\frac{3}{5} \div 6$ 的计算

$$\frac{3}{5} \div 6 = \frac{3}{5 \times 6}$$

$$= \frac{\overset{1}{\cancel{3}}}{\underset{10}{\cancel{30}}}$$

$$= \frac{1}{10}$$

➡

$$\frac{3}{5} \div 6$$

$$= \frac{\overset{1}{\cancel{3}}}{5 \times \underset{2}{\cancel{6}}}$$

$$= \frac{1}{10}$$

• $\frac{9}{20} \div 12$ 的计算

$$\frac{9}{20} \div 12 = \frac{9}{20 \times 12}$$

$$= \frac{\overset{3}{\cancel{9}}}{\underset{80}{\cancel{240}}}$$

$$= \frac{3}{80}$$

➡

$$\frac{9}{20} \div 12$$

$$= \frac{\overset{3}{\cancel{9}}}{20 \times \underset{4}{\cancel{12}}}$$

$$= \frac{3}{80}$$

• $\frac{35}{36} \div 21$ 的计算

$$\frac{35}{36} \div 21 = \frac{35}{36 \times 21}$$

$$= \frac{\overset{5}{\cancel{35}}}{\underset{108}{\cancel{756}}}$$

$$= \frac{5}{108}$$

➡

$$\frac{35}{36} \div 21$$

$$= \frac{\overset{5}{\cancel{35}}}{36 \times \underset{3}{\cancel{21}}}$$

$$= \frac{5}{108}$$

●带分数 ÷ 整数的计算

以下面的问题为例，来想一想带分数÷整数的计算。

有一个面积为 $2\frac{1}{4}$ 平方米、长为 3 米的长方形，这个长方形的宽是多少米?

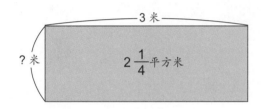

●列成算式

长方形的面积 = 长 × 宽。

把这个算式变成计算宽的算式，就变成：长方形面积 ÷ 长。列成算式为：

$$2\frac{1}{4} \div 3$$

●$2\frac{1}{4} \div 3$ 的计算方法

在计算带分数的加法和减法的时候，要把整数和分数部分分开来计算。在这个算式中，我们就用相同的方法来计算。

$$2\frac{1}{4} \div 3 = (2 + \frac{1}{4}) \div 3$$

$$= 2 \div 3 + \frac{1}{4} \div 3$$

$$= \frac{2}{3} + \frac{1}{4 \times 3}$$

$$= \frac{2}{3} + \frac{1}{12}$$

$$= \frac{8}{12} + \frac{1}{12} \qquad \blacktriangleleft \boxed{通\,分}$$

$$= \frac{\overset{3}{\cancel{9}}}{\underset{4}{\cancel{12}}} = \frac{3}{4} \qquad \blacktriangleleft \boxed{约\,分}$$

结果得数是 $\frac{3}{4}$，也就是长方形的宽为 $\frac{3}{4}$ 米。

有没有更简单的方法呢? 如果把带分数换算成假分数来计算的话如何呢?

🐢 动脑时间

奇妙的约分

在分数的计算中，要尽量进行而且要尽早进行约分。

但是，有的分数不管分子或分母的数如何增加，都可以很容易地约分掉。把这些分数记起来，很方便哦! 像以下这些分数的约分中，只要把相同的分母和分子消掉，就可以了。

$$\frac{166}{664} = \frac{\cancel{16}6}{6\cancel{64}} = \frac{1}{4}$$

$$\frac{484}{847} = \frac{4\cancel{84}}{\cancel{84}7} = \frac{4}{7}$$

$$\frac{515}{1751} = \frac{\cancel{51}5}{17\cancel{51}} = \frac{5}{17}$$

$$\frac{181}{8145} = \frac{\cancel{181}}{8\cancel{14}5} = \frac{1}{45}$$

如果都是这么容易约分就好啦!

◆ **把带分数换算假分数来计算。**

如果把 $2\frac{1}{4}$ 换算成假分数，就是 $\frac{9}{4}$，赶紧来算一算吧。

$$2\frac{1}{4} \div 3 = \frac{9}{4} \div 3 \quad \blacktriangleright 换算成假分数$$

$$= \frac{\overset{3}{9}}{4 \times \underset{1}{3}} \quad \blacktriangleright 约分$$

$$= \frac{3}{4}$$

这种做法的确比较简单。因此，我们会发现，在带分数除以整数的计算中，把带分数换算成假分数，变成假分数 ÷ 整数的计算会比其他算法更简单一些。

看看以下的 3 个计算题，请充分了解它的计算方法。

> 把带分数换算成假分数之后再计算的话，就很简单了。

$$1\frac{1}{2} \div 2 = \frac{3}{2} \div 2 \quad \blacktriangleright 换算成假分数$$

$$= \frac{3}{2 \times 2}$$

$$= \frac{3}{4}$$

$$2\frac{2}{7} \div 8 = \frac{16}{7} \div 8 \quad \blacktriangleright 换算成假分数$$

$$= \frac{\overset{2}{16}}{7 \times \underset{1}{8}} \quad \blacktriangleright 约分$$

$$= \frac{2}{7}$$

$$3\frac{3}{4} \div 9 = \frac{15}{4} \div 9 \quad \blacktriangleright 换算成假分数$$

$$= \frac{\overset{5}{15}}{4 \times \underset{3}{9}} \quad \blacktriangleright 约分$$

$$= \frac{5}{12}$$

综合测验

计算下列各题：

① $\frac{5}{7} \div 4$　　② $\frac{4}{9} \div 3$

③ $\frac{8}{13} \div 5$　　④ $\frac{3}{10} \div 9$

⑤ $1\frac{3}{8} \div 6$　　⑥ $2\frac{2}{3} \div 5$

⑦ $3\frac{3}{7} \div 8$　　⑧ $3\frac{3}{5} \div 9$

整　理

（1）分数 ÷ 整数的计算，是使被除数的分母乘上整数。

$$\frac{\blacktriangle}{\bullet} \div \blacksquare = \frac{\blacktriangle}{\bullet \times \blacksquare}$$

（2）如果在计算的过程中进行约分，计算就会变得更简单。

（3）带分数 ÷ 整数的计算，要先把带分数换算成假分数后再计算。

综合测验答案：① $\frac{5}{28}$；② $\frac{4}{27}$；③ $\frac{8}{65}$；④ $\frac{1}{30}$；⑤ $\frac{11}{48}$；⑥ $\frac{8}{15}$；⑦ $\frac{3}{7}$；⑧ $\frac{2}{5}$。

巩固与拓展 1

整 理

1. 除法的商与分数

把 3 升的果汁平分倒入 7 个杯子里，

每杯的果汁是：$3 \div 7 = \dfrac{3}{7}$（升）。

除法的商也可以用分数表示。

$$甲 \div 乙 = \dfrac{甲 \cdots\cdots 被除数}{乙 \cdots\cdots 除数}$$

2. 分数 ↔ 小数、整数

$$0.35 = \dfrac{35}{100} = \dfrac{7}{20} \quad 小数 \to 分数$$

$$3 = \dfrac{3}{1} = \dfrac{6}{2} = \dfrac{9}{3} = 整数 \to 分数$$

小数或整数都可以用分数表示。

$$\dfrac{2}{5} = 2 \div 5 = 0.4 \quad 分数 \to 小数$$

$$\dfrac{1}{3} = 1 \div 3 = 0.333\cdots \quad 分数 \to 小数$$

有些分数无法完整用小数来表示。

3. 相等的分数

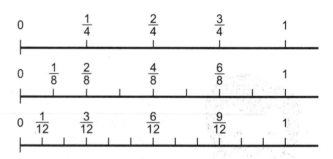

试一试，来做题。

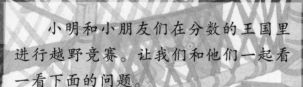

小明和小朋友们在分数的王国里进行越野竞赛。让我们和他们一起看一看下面的问题。

1. 路程全长为 2 千米，如果每小时步行为 3 千米，需要步行几小时？

2. 长方形的面积是 4 平方米，如果长方形的宽是 3 米，长是多少米？

3. 用不等号或等号表示下面数目的大小。

（1）（$\dfrac{3}{4}$ 0.76 ）

（2）（ 0.46 $\dfrac{2}{5}$ ）

（3）（ $\dfrac{5}{8}$ 0.625 ）

4. 把 10 升的果汁分成 6 等份并装入小瓶里，每小瓶的果汁是多少升？

5. 有一个分数和 $\dfrac{16}{24}$ 相等，分母是 3，这个分数是多少？

由数线可以看出，相等的分数有无数多。

$$\frac{3}{4} \overset{3 \times 2}{\underset{4 \times 2}{=}} \frac{6}{8} \overset{3 \times 3}{\underset{4 \times 3}{=}} \frac{9}{12} = \cdots\cdots = \frac{3 \times 甲}{4 \times 甲}$$

$$\frac{9}{12} \overset{9 \div 3}{\underset{12 \div 3}{=}} \frac{3}{4} \qquad \frac{6}{8} \overset{6 \div 2}{\underset{8 \div 2}{=}} \frac{3}{4}$$

分母和分子如果同时乘上或除以同样的数（0 以外的数），分数的大小不会改变。

用分母和分子的公因数去除分数的分子和分母，这个过程叫作约分。约分后所得的分数等于原来的分数。

4. 分数的大小与通分

把 2 个以上不同分母的分数化成同分母的分数，但不改变各个分数原来的大小，这个过程就是通分。

利用通分可以比较分数的大小，如：

$$\left(\frac{3}{4}, \frac{4}{5}\right) \rightarrow \left(\frac{15}{20}, \frac{16}{20}\right)$$

通分的时候，先找出分母的公倍数作为通分分母，其值越小越好。

5. 不同分母的分数的加减法

分数相加或相减时，如果分母不同，必须先通分之后，再计算。

得数如果可以约分，便将得数约分。

$$\frac{5}{12} + \frac{1}{4} = \frac{5}{12} + \frac{3}{12}$$
$$= \frac{8}{12}{}_3^2$$
$$= \frac{2}{3}$$

$$\frac{11}{9} - \frac{5}{6} = \frac{22}{18} - \frac{15}{18}$$
$$= \frac{7}{18}$$

6. 把下列各分数通分。

（1）$\left(\frac{3}{4}, \frac{2}{5}\right)$

（2）$\left(\frac{7}{20}, \frac{3}{4}\right)$

（3）$\left(\frac{5}{12}, \frac{9}{16}\right)$

7. 小桶里原有 $\frac{3}{4}$ 升的水，后来又加入 $\frac{11}{6}$ 升，全部共有多少升的水？

8. 小木屋距离车站 $\frac{19}{8}$ 千米，车站和家相距 $\frac{9}{5}$ 千米。这两条路线哪一条比较短？短多少千米？

答案：1. $\frac{2}{3}$ 小时。2. $\frac{4}{3}$ 米。3.（1）<；（2）>；（3）=。4. $\frac{10}{6}$ 升（$\frac{5}{3}$ 升）。5. $\frac{2}{3}$。6.（1）$\left(\frac{15}{20}, \frac{8}{20}\right)$；（2）$\left(\frac{7}{20}, \frac{15}{20}\right)$；（3）$\left(\frac{20}{48}, \frac{27}{48}\right)$。7. $\frac{31}{12}$。8. 车站到家里的距离较短，短 $\frac{23}{40}$ 千米。

解题训练

分数的除法

1

校园的角落有 1 块面积为 38 平方米的土地, 这块土地预备让小朋友们栽种植物。如果 1 年级到 6 年级每一年级分得的土地面积都相同, 各年级分得的土地的面积是多少平方米?

◀ 提示 ▶
38÷6 的算式如果用小数作答, 将无法整除, 所以用分数作答。

解法 38÷6 的商是 6.333⋯, 利用小数无法把商准确地表示出来。

所以, 改用分数作答如下:

$$38 \div 6 = \frac{38}{6} = \frac{\overset{19}{38}}{\underset{3}{6}} = \frac{19}{3}（平方米）$$

答: 各年级分得的土地的面积为 $\frac{19}{3}$ 平方米。

把分数改写成小数, 把小数或整数改写成分数

2

把下列的数按照大小顺序排列。

$\frac{5}{8}$, 0.64, $\frac{3}{5}$, $\frac{6}{11}$, 0.61

◀ 提示 ▶
把分数改写成小数后, 较容易比较大小。

解法 比较数的大小时, 可以把分数改写成小数, 然后再比较各小数的大小。也可以把小数改写成分数, 通分之后再比较各分数的大小。

如果把小数改写成分数, 必须先通分后才能比较各分数的大小。所以较为麻烦。因此, 把分数改写成小数, 然后比较各小数的大小会比较简便。

$\frac{5}{8}$ =0.625, $\frac{3}{5}$ =0.6, $\frac{6}{11}$ =0.54⋯

答: 按照大小顺序排列是: 0.64, $\frac{5}{8}$, 0.61, $\frac{3}{5}$, $\frac{6}{11}$。

■ 约分的练习

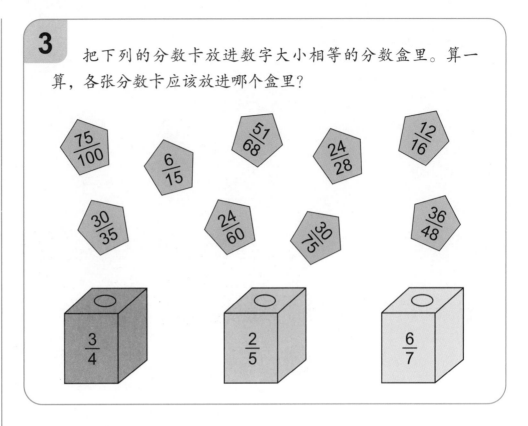

3 把下列的分数卡放进数字大小相等的分数盒里。算一算，各张分数卡应该放进哪个盒里？

◀ 提示 ▶

把每个分数约分成最简分数。也可以把盒子上分数的分母与分子乘以 2 倍、3 倍……然后再求得数。

解法 $\dfrac{75}{100} = \dfrac{3}{4}$（分母与分子都能被 25 整除）。

$\dfrac{6}{15} = \dfrac{2}{5}$（分母与分子都能被 3 整除）。

$\dfrac{51}{68} = \dfrac{3}{4}$（分母与分子都能被 17 整除）。

$\dfrac{12}{16} = \dfrac{3}{4}$（分母与分子都能被 4 整除）。

$\dfrac{30}{35} = \dfrac{6}{7}$（分母与分子都能被 5 整除）。

$\dfrac{24}{60} = \dfrac{2}{5}$（分母与分子都能被 12 整除）。

$\dfrac{30}{75} = \dfrac{2}{5}$（分母与分子都能被 15 整除）。

$\dfrac{24}{28} = \dfrac{6}{7}$（分母与分子都能被 4 整除）。

$\dfrac{36}{48} = \dfrac{3}{4}$（分母与分子都能被 12 整除）。

答：$\dfrac{75}{100}$、$\dfrac{51}{68}$、$\dfrac{12}{16}$、$\dfrac{36}{48}$ 放进 $\dfrac{3}{4}$ 的盒子；$\dfrac{6}{15}$、$\dfrac{24}{60}$、$\dfrac{30}{75}$ 放进 $\dfrac{2}{5}$ 的盒子；$\dfrac{30}{35}$、$\dfrac{24}{28}$ 放进 $\dfrac{6}{7}$ 的盒子。

■ 利用通分来比较大小

4 下图把水果和蔬菜分成2个1组，并比较2个的重量。一边看图一边算一算，每一组中的哪一边比较重？把较重一边的数字填在□里。

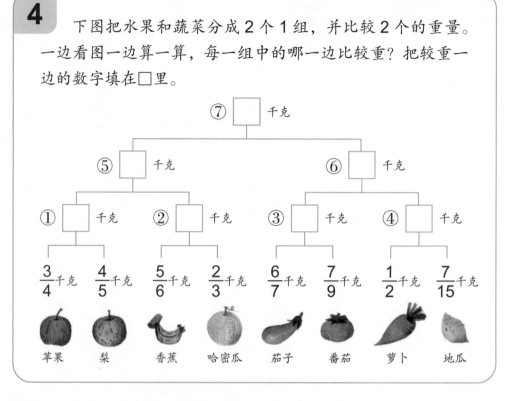

⑦ □ 千克

⑤ □ 千克　　　　⑥ □ 千克

① □ 千克　② □ 千克　③ □ 千克　④ □ 千克

$\frac{3}{4}$千克　$\frac{4}{5}$千克　$\frac{5}{6}$千克　$\frac{2}{3}$千克　$\frac{6}{7}$千克　$\frac{7}{9}$千克　$\frac{1}{2}$千克　$\frac{7}{15}$千克

苹果　　梨　　香蕉　　哈密瓜　　茄子　　番茄　　萝卜　　地瓜

◀ 提示 ▶

先把各组的分数通分，再将较重一边的数填在□里。如果把原来未通分的分母填在①、②、③、④的空格里，再计算⑤、⑥的大小时会比较容易通分。

解法 先把各组的分数通分后再做比较。

苹果　梨

$\frac{3}{4}$　$\frac{4}{5}$

↓

$\frac{15}{20} < \frac{16}{20}$

↓

梨$\frac{4}{5}$千克

香蕉　哈密瓜

$\frac{5}{6}$　$\frac{2}{3}$

↓

$\frac{5}{6} > \frac{4}{6}$

↓

香蕉$\frac{5}{6}$千克

茄子　番茄

$\frac{6}{7}$　$\frac{7}{9}$

↓

$\frac{54}{63} > \frac{49}{63}$

↓

茄子$\frac{6}{7}$千克

萝卜　地瓜

$\frac{1}{2}$　$\frac{7}{15}$

↓

$\frac{15}{30} > \frac{14}{30}$

↓

萝卜$\frac{1}{2}$千克

梨　香蕉

$\frac{4}{5}$　$\frac{5}{6}$

↓

$\frac{24}{30} < \frac{25}{30}$

↓

香蕉$\frac{5}{6}$千克

茄子　萝卜

$\frac{6}{7}$　$\frac{1}{2}$

↓

$\frac{12}{14} > \frac{7}{14}$

↓

茄子$\frac{6}{7}$千克

香蕉　　茄子

$\frac{5}{6}$　$\frac{6}{7}$

↓

$\frac{35}{42} < \frac{36}{42}$

↓

茄子$\frac{6}{7}$千克

答案：①$\frac{4}{5}$；②$\frac{5}{6}$；③$\frac{6}{7}$；④$\frac{1}{2}$；⑤$\frac{5}{6}$；⑥$\frac{6}{7}$；⑦$\frac{6}{7}$。

■ 分母不同的分数的加减法

5 计算下列各题。

① $\dfrac{1}{6} + \dfrac{3}{8}$　② $\dfrac{3}{4} + \dfrac{5}{6}$

③ $\dfrac{9}{4} + \dfrac{11}{9}$　④ $\dfrac{27}{10} + \dfrac{17}{12}$

⑤ $\dfrac{5}{6} - \dfrac{2}{9}$　⑥ $\dfrac{5}{8} - \dfrac{7}{12}$

◀ 提示 ▶

分母不同的分数相加或相减时，必须先通分，再计算。

得数如果可以约分，把得数约分成最简分数。

解法

① 6 和 8 的最小公倍数是 24。　$\dfrac{1}{6} + \dfrac{3}{8} = \dfrac{4}{24} + \dfrac{9}{24} = \dfrac{13}{24}$

② 4 和 6 的最小公倍数是 12。　$\dfrac{3}{4} + \dfrac{5}{6} = \dfrac{9}{12} + \dfrac{10}{12} = \dfrac{19}{12}$

③ 4 和 9 的最小公倍数是 36。　$\dfrac{9}{4} + \dfrac{11}{9} = \dfrac{81}{36} + \dfrac{44}{36} = \dfrac{125}{36}$

④ 10 和 12 的最小公倍数是 60。　$\dfrac{27}{10} + \dfrac{17}{12} = \dfrac{162}{60} + \dfrac{85}{60} = \dfrac{247}{60}$

⑤ 6 和 9 的最小公倍数是 18。　$\dfrac{5}{6} - \dfrac{2}{9} = \dfrac{15}{18} - \dfrac{4}{18} = \dfrac{11}{18}$

⑥ 8 和 12 的最小公倍数是 24。　$\dfrac{5}{8} - \dfrac{7}{12} = \dfrac{15}{24} - \dfrac{14}{24} = \dfrac{1}{24}$

答案：① $\dfrac{13}{24}$；② $\dfrac{19}{12}$；③ $\dfrac{125}{36}$；④ $\dfrac{247}{60}$；⑤ $\dfrac{11}{18}$；⑥ $\dfrac{1}{24}$。

加强练习

1. 从甲中取一个整数，把这个整数称为丙。从乙中取一个整数，把这个整数称为丁。

甲	乙
1	1
2	2
3	3
4	4
5	5
……	……

把整数丙除以整数丁：

丙 ÷ 丁 = $\dfrac{\text{丙}}{\text{丁}}$。

丙 ÷ 丁 = $\dfrac{6}{5}$ 的丙、丁组合有（6，5）、（12，10）……无数之多。请写出所有可能的类似组合，但组合中的丙必须不超过 30。

2. 哪些分数的值比 $\dfrac{3}{7}$ 大，但比 $\dfrac{9}{10}$ 小，而分母为 5？请写出所有可能的数。

3. 有一个真分数的分母比分子大 27，如果把这个分数约分，约分后的分数是 $\dfrac{5}{8}$。这个分数是多少？

4. 有一个分数的分母与分子的和是 35，约分后等于 $\dfrac{3}{4}$，这个分数原来是多少？

5. 有甲、乙、丙 3 个球。现在像右图一样分别把其中的 2 个球放在秤上称重，

解答和说明

1. 分数的分母与分子同时乘以或除以同一个数（0 除外），分数的大小不会改变。所以丙、丁的组合便可利用这点一一求得，但丙必须小于或等于 30。

（6，5）、（12，10）、（18，15）……
└乘以 2 倍┘　　乘以 3 倍　↑
（30，25）

答：　有（6，5）、（12，10）、（18，15）、（24，20）、（30，25）。

2. 把分数改写成小数。

$\dfrac{3}{7}$ =0.42…、$\dfrac{9}{10}$ =0.9、$\dfrac{\square}{5}$ 比 0.42 大，但比 0.9 小．求 □ 的大小。

如果 $\dfrac{\square}{5}$ =0.42，□ ÷ 5=0.42

□ =0.42×5=2.1………（1）

如果 $\dfrac{\square}{5}$ =0.9，□ =0.9×5=4.5……（2）

由（1）和（2）得知，□ 的分子比 2.1 大，但比 4.5 小。2.1 与 4.5 之间的整数计有 3 和 4。　　答：有 $\dfrac{3}{5}$、$\dfrac{4}{5}$。

3. $\dfrac{5}{8}$ 的分子和分母的比例是：5 比 8。

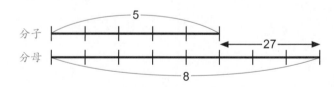

分子和分母的差为：8-5=3。

和 3 相对应的整数是 27，所以和 1 对应的数是：27÷3=9，列算式为：

$\dfrac{9 \times 5}{9 \times 8} = \dfrac{45}{72}$　　　　答：这个数为 $\dfrac{45}{72}$。

4. 因为所求的分数和 $\dfrac{3}{4}$ 相等，所以分子和分母的比例：3 比 4。

把 35 分成 3 与 4 的比例。列算式为：

每一组的质量如下图所示。

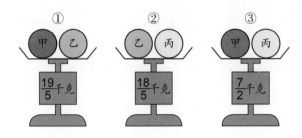

请回答下列问题：

（1）按照从重到轻的顺序排列甲、乙、丙3球。

（2）最重的球和最轻的球相差多少千克？

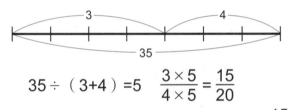

$$35÷（3+4）=5 \quad \frac{3×5}{4×5}=\frac{15}{20}$$

答：这个数是$\frac{15}{20}$。

5.分数计算问题的解法和整数或小数计算问题的解法完全相同。

（1）比较题目中的①与②，可以发现两方都包含乙球。$\frac{19}{5}$和$\frac{18}{5}$相较之下，$\frac{19}{5}>\frac{18}{5}$，由此得知：甲＞丙。$\frac{19}{5}-\frac{18}{5}=\frac{1}{5}$，所以，甲比丙重$\frac{1}{5}$千克。同样地，由②与③可以得知：乙＞甲。$\frac{18}{5}-\frac{7}{2}=\frac{1}{10}$，所以，乙比甲重$\frac{1}{10}$千克。

（2）因为乙＞甲＞丙，所以，乙和丙的差为：$\frac{1}{10}+\frac{1}{5}=\frac{3}{10}$（千克）。

答：（1）乙、甲、丙；（2）相差$\frac{3}{10}$千克。

应用问题

1.$\frac{2}{4}$、$\frac{3}{6}$、$\frac{5}{10}$、$\frac{7}{14}$、$\frac{13}{26}$的分子都是分母的$\frac{1}{2}$，而这种分子相当于分母$\frac{1}{2}$的分数都等于$\frac{1}{2}$。

括号里的分数哪些比$\frac{1}{2}$小，哪些比$\frac{2}{3}$大？（$\frac{2}{5}$，$\frac{4}{9}$，$\frac{9}{12}$，$\frac{8}{17}$，$\frac{31}{45}$）

2.如果把$\frac{2}{5}$的分母加上15，分子必须加上多少，新的分数才会等于原来的分数？

3.和$\frac{2}{3}$相等的分数极多，例如$\frac{100}{150}$或$\frac{80}{120}$等。如果把这种分数的分母减去15，分子必须减去多少，新的分数才会等于原来的分数？

4.计算下列的算式。

① $0.3+\frac{2}{3}$

② $\frac{9}{5}-0.7$

③ $\frac{9}{4}+0.12-\frac{27}{20}$

5.丙地在甲地和乙地之间。丙地的位置比较靠近甲地，丙地距甲、乙两地中心点的距离等于甲、乙两地距离的$\frac{2}{15}$。甲、丙两地的距离和乙、丙两地的距离相差多少？

6.某数加上$\frac{5}{3}$的和是$\frac{9}{4}$。如果把这个数加上$\frac{3}{5}$，和是多少？

答案：1.比$\frac{1}{2}$小的分数是$\frac{2}{5}$、$\frac{4}{9}$、$\frac{8}{17}$；比$\frac{2}{3}$大的分数是$\frac{9}{12}$、$\frac{31}{45}$。2.6。3.10。4.①$\frac{29}{30}$；②$\frac{11}{10}$；③$\frac{51}{50}$。5.$\frac{4}{15}$。6.$\frac{71}{60}$。

巩固与拓展 2

整 理

1 分数的乘法

（1）真分数 × 整数时，分母保持不变，只要把分子和整数相乘。

$$\frac{\bigcirc}{\triangle} \times \square = \frac{\bigcirc \times \square}{\triangle}$$

（2）带分数 × 整数时，先把带分数改写成假分数，再依照真分数 × 整数的方法计算，得数则以带分数表示。如：

$$2\frac{1}{4} \times 6 = \frac{9 \times \overset{3}{6}}{\underset{2}{4}} = \frac{27}{2} = 13\frac{1}{2}$$

在计算的过程中约分，会比较简单。

试一试，来做题。

1. 求出下面各种四边形的面积。

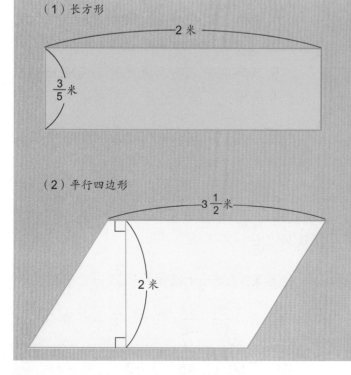

（1）长方形

2 米

$\frac{3}{5}$ 米

（2）平行四边形

$3\frac{1}{2}$ 米

2 米

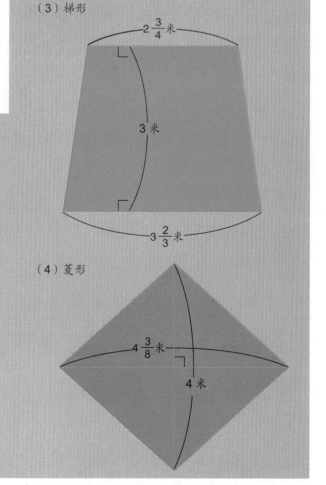

（3）梯形

$2\frac{3}{4}$ 米

3 米

$3\frac{2}{3}$ 米

（4）菱形

$4\frac{3}{8}$ 米

4 米

2. 分数的除法

（1）真分数 ÷ 整数时，分子保持不变，只要把分母和整数相乘。

$$\frac{\bigcirc}{\triangle} \div \square = \frac{\bigcirc}{\triangle \times \square}$$

$$\frac{6}{7} \div 4 = \frac{\overset{3}{\cancel{6}}}{7 \times \underset{2}{\cancel{4}}}$$

$$= \frac{3}{14}$$

别忘了在计算中约分哦！

（2）带分数 ÷ 整数时，先把带分数改写成假分数，再依照真分数 ÷ 整数的方法计算。

$$7\frac{7}{8} \div 6$$

$$7\frac{7}{8} = \frac{63}{8} \quad \text{所以}$$

$$7\frac{7}{8} \div 6 = \frac{63}{8} \div 6$$

$$= \frac{\overset{21}{\cancel{63}}}{8 \times \underset{2}{\cancel{6}}}$$

$$= \frac{21}{16} = 1\frac{5}{16}$$

不要忘了约分哦！

2. 把 $\frac{6}{7}$ 升的水平均倒入 3 个杯子，每 1 杯的水量是多少升？

3. 绳子长 $13\frac{3}{4}$ 厘米，如果把绳子平分为 5 等份，每 1 等份的绳长是多少厘米？

4. 录音带上连续录了 4 首音乐，每 1 首音乐的演奏时间相同。

如果从音乐开始演奏到音乐结束总共经过 $1\frac{1}{2}$ 小时，每 1 首音乐的演奏时间是多少小时？

答案：1.（1）$1\frac{1}{5}$ 平方米；（2）7 平方米；（3）$9\frac{5}{8}$ 平方米；（4）$8\frac{3}{4}$ 平方米。2. $\frac{2}{7}$ 升。3. $2\frac{3}{4}$ 厘米。4. $\frac{3}{8}$ 小时。

解题训练

■ 分数 × 整数的
　计算问题

1 计算下列的算式。

① $\frac{1}{5} \times 2$　② $\frac{4}{7} \times 2$　③ $\frac{2}{9} \times 3$　④ $\frac{6}{7} \times 4$

⑤ $2\frac{1}{4} \times 3$　⑥ $1\frac{5}{8} \times 6$　⑦ $2\frac{2}{3} \times 9$　⑧ $2\frac{2}{9} \times 12$

◀ 提示 ▶

先把带分数改写成假分数，然后再计算。

$$\frac{\bigcirc}{\triangle} \times \square = \frac{\bigcirc \times \square}{\triangle}$$

解法

① $\frac{1}{5} \times 2$

$= \frac{1 \times 2}{5}$

$= \frac{2}{5}$

② $\frac{4}{7} \times 2$

$= \frac{4 \times 2}{7}$

$= \frac{8}{7} = 1\frac{1}{7}$

③ $\frac{2}{9} \times 3$

$= \frac{2 \times \overset{1}{3}}{\underset{3}{9}}$

$= \frac{2}{3}$

④ $\frac{6}{7} \times 4$

$= \frac{6 \times 4}{7}$

$= \frac{24}{7} = 3\frac{3}{7}$

⑤ $2\frac{1}{4} \times 3$

$= \frac{9}{4} \times 3$

$= \frac{9 \times 3}{4}$

$= \frac{27}{4} = 6\frac{3}{4}$

⑥ $1\frac{5}{8} \times 6$

$= \frac{13}{8} \times 6$

$= \frac{13 \times \overset{3}{6}}{\underset{4}{8}}$

$= \frac{39}{4} = 9\frac{3}{4}$

⑦ $2\frac{2}{3} \times 9$

$= \frac{8}{3} \times 9$

$= \frac{8 \times \overset{3}{9}}{\underset{1}{3}}$

$= 24$

⑧ $2\frac{2}{9} \times 12$

$= \frac{20}{9} \times 12$

$= \frac{20 \times \overset{4}{12}}{\underset{3}{9}}$

$= \frac{80}{3} = 26\frac{2}{3}$

■ 分数 × 整数的
　应用题

2 砂糖每1袋重 $1\frac{4}{5}$ 千克，8袋砂糖重多少千克？

解法 $1\frac{4}{5} \times 8 = \frac{9}{5} \times 8 = \frac{9 \times 8}{5} = \frac{72}{5} = 14\frac{2}{5}$（千克）

答：8袋砂糖重 $14\frac{2}{5}$ 千克。

3 把丝带分成8等份，每1等份长 $2\frac{5}{6}$ 米，丝带原来长多少米？

◀ 提示 ▶

1 等份长 × 人数 = 原来的长

解法

$2\frac{5}{6} \times 8 = \frac{17}{6} \times 8 = \frac{17 \times \overset{4}{8}}{\underset{3}{6}} = \frac{68}{3} = 22\frac{2}{3}$（米）

答：丝带原来长为 $22\frac{2}{3}$ 米。

■ 分数 ÷ 整数的
计算问题

4 计算下列算式。

① $\frac{3}{5} \div 2$　② $\frac{8}{9} \div 4$　③ $\frac{5}{6} \div 10$　④ $\frac{3}{8} \div 6$

⑤ $2\frac{3}{4} \div 9$　⑥ $6\frac{3}{10} \div 7$　⑦ $7\frac{4}{5} \div 3$　⑧ $9\frac{2}{7} \div 13$

◀ 提示 ▶

$\frac{\bigcirc}{\triangle} \div \square = \frac{\bigcirc}{\triangle \times \square}$，
先把带分数改写
成假分数，然后
再计算。

解法

① $\frac{3}{5} \div 2$
$= \frac{3}{5 \times 2}$
$= \frac{3}{10}$

② $\frac{8}{9} \div 4$
$= \frac{\overset{2}{8}}{9 \times \underset{1}{4}}$
$= \frac{2}{9}$

③ $\frac{5}{6} \div 10$
$= \frac{\overset{1}{5}}{6 \times \underset{2}{10}}$
$= \frac{1}{12}$

④ $\frac{3}{8} \div 6$
$= \frac{\overset{1}{3}}{8 \times \underset{2}{6}}$
$= \frac{1}{16}$

⑤ $2\frac{3}{4} \div 9$
$= \frac{11}{4} \div 9$
$= \frac{11}{4 \times 9}$
$= \frac{11}{36}$

⑥ $6\frac{3}{10} \div 7$
$= \frac{63}{10} \div 7$
$= \frac{\overset{9}{63}}{10 \times \underset{1}{7}}$
$= \frac{9}{10}$

⑦ $7\frac{4}{5} \div 3$
$= \frac{39}{5} \div 3$
$= \frac{\overset{13}{39}}{5 \times \underset{1}{3}}$
$= \frac{13}{5} = 2\frac{3}{5}$

⑧ $9\frac{2}{7} \div 13$
$= \frac{65}{7} \div 13$
$= \frac{\overset{5}{65}}{7 \times \underset{1}{13}}$
$= \frac{5}{7}$

■ 分数 ÷ 整数的
应用题

5 在长方体的水槽里灌水 15 分钟后，水槽里的水是水槽容量的 $\frac{5}{6}$。每分钟所灌进的水量是水槽容量的几分之几？

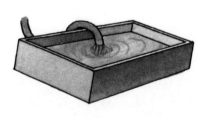

解法 $\frac{5}{6} \div 15 = \frac{\overset{1}{5}}{6 \times \underset{3}{15}} = \frac{1}{18}$　　答：每分钟所灌的水量是水槽容量的 $\frac{1}{18}$。

6 4 小时总共步行 $12\frac{4}{5}$ 千米，每小时平均步行多少千米？

◀ 提示 ▶

$12\frac{4}{5}$ 千米
0　1　2　3　4

解法

$12\frac{4}{5} \div 4 = \frac{64}{5} \div 4 = \frac{\overset{16}{64}}{5 \times \underset{1}{4}} = \frac{\overset{16}{64}}{5} = 3\frac{1}{5}$（千米）

答：每小时平均步行 $3\frac{1}{5}$ 千米。

加强练习

1. 把某个分数乘以 6 倍再除以 5，得数是 $2\frac{1}{3}$。原来的分数是多少？

2. 在 100 以内的整数中，哪几个数不论乘 $\frac{5}{12}$ 或 $\frac{7}{18}$，积都是整数？

3. 在下列的算式中，□里的数是多少？

（1）$3\frac{3}{4}÷5=\frac{3}{□}+\frac{3}{□×5}=\frac{3}{5}+\frac{3}{20}=\frac{3}{4}$

（2）$（2\frac{1}{4}-1\frac{5}{12}）×12=（24+□）-（12+□）=27-17=10$

4. 甲、乙、丙 3 个油桶里都装着油，甲桶的油有 $2\frac{1}{3}$ 升，乙桶的油有 $\frac{3}{4}$ 升，丙桶的油有 $1\frac{1}{2}$ 升。如果要让 3 个油桶里的油量相等，必须从哪一个油桶取多少升油到哪一个油桶？

解答和说明

1. 把某个分数当作甲，并用下面的算式表示。

$$甲×6÷5=2\frac{1}{3}$$

由这个算式可以求出甲的值。

$$甲=2\frac{1}{3}×5÷6=1\frac{17}{18}$$

答：原数为 $1\frac{17}{18}$。

2. 读题要分析出：所求的数是 12 与 18 的公倍数。因为：如果把乘数当作□，

$$\frac{5×□}{12}=\frac{△}{1}，\frac{7×□}{18}=\frac{○}{1}$$

（整数是分母为 1 的分数）

由上面的算式得知，□是 12 的倍数，也是 18 的倍数。所以，□是 12 和 18 的公倍数。

由计算得知 36 与 72 都小于 100，而且都是 12 和 18 的公倍数。

答：这两个数为 36、72。

3. 利用计算的规则做简单的计算。

（1）$3\frac{3}{4}÷5=（3+\frac{3}{4}）÷5=\frac{3}{5}+\frac{3}{4×5}$，

所以第 1 个□为 5，第 2 个□是 4。

（2）$（2×12+\frac{1}{4}×12）-（1×12+\frac{5}{12}×12）=（24+3）-（12+5）$，所以第 1 个□是 3，第 2 个□是 5。

答：（1）5、4；（2）3、5。

4. 先求出甲、乙、丙 3 个油桶的平均油量。

$$（2\frac{1}{3}+\frac{3}{4}+1\frac{1}{2}）÷3=1\frac{19}{36}（升）$$

$1\frac{19}{36}-1\frac{1}{2}=\frac{1}{36}（升）$ 丙桶得自甲桶的量

$1\frac{19}{36}-\frac{3}{4}=\frac{7}{9}（升）$ 乙桶得自甲桶的量

答：从甲桶取 $\frac{7}{9}$ 升到乙桶，从甲桶取 $\frac{1}{36}$ 升到丙桶。

5. 由下图可以看出，$5\frac{1}{2}-2\frac{1}{4}$ 等于短的跳绳长度的 2 倍。

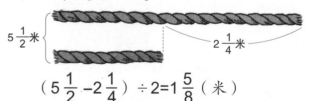

$$（5\frac{1}{2}-2\frac{1}{4}）÷2=1\frac{5}{8}（米）$$

答：短的跳绳长为 $1\frac{5}{8}$ 米。

6. 用小糖罐的糖量作为大、中、小 3 个糖罐的比例基准。把小糖罐的糖量表示

5. 绳子全长为 $5\frac{1}{2}$ 米。把绳子剪成 1 条长的跳绳和 1 条短的跳绳，长的跳绳长度比短的跳绳长 $2\frac{1}{4}$ 米。短的跳绳长度是多少米？

6. 把 15 千克重的糖分装在大、中、小 3 个糖罐里。大罐的糖量是中罐的糖量的 3 倍，而中罐里的糖量又是小罐的糖量的 2 倍。大、中、小 3 个糖罐各装了多少千克的糖？

7. 昨天班上举行了数学和语文的测验。结果，数学测验成绩在 70 分以上的人数占全部人数的 $\frac{3}{5}$；语文测验成绩在 70 分以上的人数占全部人数的 $\frac{2}{3}$；语文和数学成绩都在 70 分以下的人数占全部人数的 $\frac{1}{9}$。语文和数学的测验成绩都在 70 分以上的人数占全部人数的几分之几？

为 1，中罐的糖量就是 2。因为大罐的糖量是中罐的 3 倍，若以小罐的糖量为基准，大罐的糖量就成为 2×3=6。

大罐 =6，中罐 =2，小罐 =1，所以全部是：6+2+1=9。

$15÷9=1\frac{2}{3}$（千克）……小罐

$1\frac{2}{3}×2=3\frac{1}{3}$（千克）……中罐

$3\frac{1}{3}×3=10$（千克）……大罐

答：大罐 10 千克，中罐 $3\frac{1}{3}$ 千克，小罐 $\frac{12}{3}$ 千克。

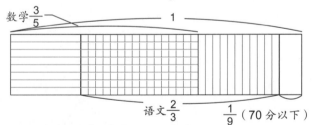

数学 $\frac{3}{5}$　　　1
语文 $\frac{2}{3}$　　$\frac{1}{9}$（70 分以下）

7. 利用图表列出题目重点。

$1-\frac{1}{9}=\frac{8}{9}$，语文、数学任何一科或两科成绩在 70 分以上者。

$\frac{3}{5}+\frac{2}{3}-\frac{8}{9}=\frac{17}{45}$，$\frac{3}{5}+\frac{2}{3}$ 等于重复计算两科成绩都在 70 分以上的人数。

答：语文和数学的测验成绩都在 70 分以上的人数占全部人数的 $\frac{17}{45}$。

应用问题

1. 求下列 □ 中的数。

（1）□ $\frac{3}{8}$ ×6= $\frac{27×6}{8}$ = □

（2）□ $\frac{7}{9}$ ÷4= $\frac{52}{9×4}$ = □

2. 把某个带分数除以 15 再乘以 6，得数是 $7\frac{1}{2}$。

把原来的分数用带分数的形式写出来。

3. 甲、乙两人分别从东地和西地相向出发，4 分钟后两人相会。如果甲、乙两人同时从东地出发，乙在 6 分钟后会到达西地。

（1）乙每分钟可以步行全部路程的几分之几？

（2）乙到达西地时，甲走完全程的几分之几？

答案：1.（1）3，$20\frac{1}{4}$；（2）5，$1\frac{4}{9}$。

2.$7\frac{1}{2}÷6×15=18\frac{3}{4}$。3.（1）$\frac{1}{6}$；（2）$\frac{1}{2}$。

（乙到达西地时总共步行 6 分钟，所以甲也步行了 6 分钟）

步印童书馆
编著

北京市数学特级教师 丁益祥
北京市数学特级教师 司 梁
『卢说数学』主理人 卢声怡
力荐 **联袂**

小牛顿
数学分级读物

第五阶 **4** 面积与体积

中国儿童的数学分级读物
培养有创造力的数学思维

讲透原理 ➡ 系统进阶 ➡ 思维转换

電子工業出版社·
Publishing House of Electronics Industry
北京·BEIJING

图书在版编目（CIP）数据

小牛顿数学分级读物. 第五阶.4, 面积与体积 / 步
印童书馆编著. —— 北京：电子工业出版社, 2024.6
　　ISBN 978-7-121-47693-8

　　Ⅰ. ①小… Ⅱ. ①步… Ⅲ. ①数学 – 少儿读物 Ⅳ.
①O1-49
　　中国国家版本馆CIP数据核字(2024)第074953号

特别鸣谢本书组稿策划人郑利强先生。

责任编辑：赵　妍　季　萌
印　　刷：当纳利（广东）印务有限公司
装　　订：当纳利（广东）印务有限公司
出版发行：电子工业出版社
　　　　　北京市海淀区万寿路173信箱　邮编：100036
开　　本：889×1194　1/16　印张：19.25　字数：387.6千字
版　　次：2024年6月第1版
印　　次：2024年6月第1次印刷
定　　价：120.00元（全6册）

　　凡所购买电子工业出版社图书有缺损问题，请向购买书店调换。若书店售缺，请与本社发行
部联系，联系及邮购电话：（010）88254888，88258888。
　　质量投诉请发邮件至zlts@phei.com.cn，盗版侵权举报请发邮件至dbqq@phei.com.cn。
　　本书咨询联系方式：（010）88254161转1860，jimeng@phei.com.cn。

三角形和四边形的面积

平行四边形的面积

◉ 面积的求法

喜欢算术的国王发出布告说，谁能正确地求出右图这块土地的面积，他就送给那个人一块同样的土地作为奖赏。少年卡西姆准备向这个难题挑战。请问卡西姆要怎么做才能赢得奖赏？

● 数小方格的数目求出面积

卡西姆的父亲说："用绳子把土地划分成小方格就可以了。"

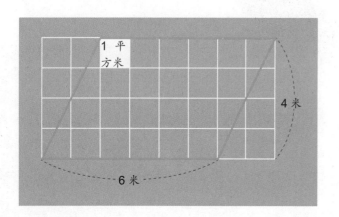

我想到好办法了。

卡西姆，你会算吗？

两个一半的方格合起来，就是完整的方格了。所以，每个"半格"只要按 0.5 格计算就可以了，这就是卡西姆想到的好办法。

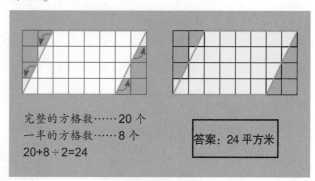

完整的方格数……20 个
一半的方格数……8 个
20+8÷2=24

答案：24 平方米

可是，这又不像长方形那么好算。因为有半格的。卡西姆想了一会儿，终于想出一个好办法。你知道他想到了什么好办法吗？

不过，卡西姆认为，应该还有更简单的方法可以求出它的面积。

● 换成同面积的长方形

于是，卡西姆就把平行四边形的一部分剪下来，移动后就变成下图的样子。

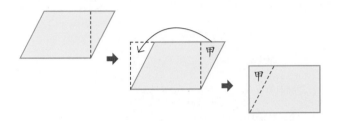

如上图，甲的部分按照箭头方向一移动，平行四边形就变成了长方形。所以，只要知道相当于长方形的长和宽，就可以求出平行四边形的面积。

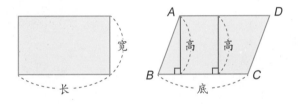

> ## 平行四边形的面积＝底 × 高

◆ **注意，平行四边形有两组底和高。我们要想一想：以 AB 边为底，高是多少？**

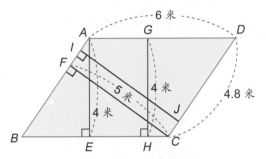

如上图，以 BC 边为底，那么，高就是 AE 或 GH。平行四边形的面积为：

$$6 \times 4 = 24（平方米）$$

另外，如果以 AB 边为底，高就是 CF 或 JI。平行四边形的面积为：

$$4.8 \times 5 = 24（平方米）$$

所以，平行四边形的高，要看是以哪条边为底。这叫"底高对应"。

查一查

卡西姆为了确定一下，是不是任何平行四边形的面积都可以用左边的公式求出来，于是，他就剪出了下面的平行四边形。

虽然要剪拼多次，但它也可以变成长方形，而且这个长方形的长和宽，就是平行四边形的底和高。从这点证明，任何平行四边形的面积都可以用这个公式求出。

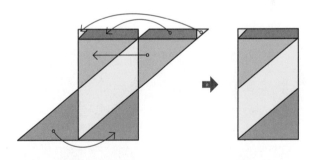

整　理

（1）任何平行四边形都能重组为长方形。

（2）平行四边形的面积＝底 × 高。

（3）平行四边形有两组对应的底和高。

梯形、菱形的面积

◉ 梯形面积的求法

　　卡西姆少年巧妙地解决了国王提出的难题，他得到一块奖赏的土地，形状就像右图所示的梯形。这块土地的面积真的与那个平行四边形的面积一样吗？想一想，右图这块梯形的面积的求法。

● 利用平行四边形面积的求法

　　像求平行四边形的面积一样，把剪下的部分移动，但似乎这样不能正好拼成长方形。

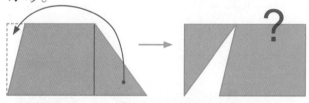

　　卡西姆忽然发觉，用2个同样形状的梯形组合在一起就会变成一个大的平行四边形。而平行四边形的面积怎么求，他已经知道了。

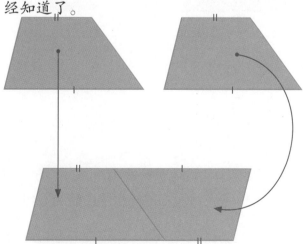

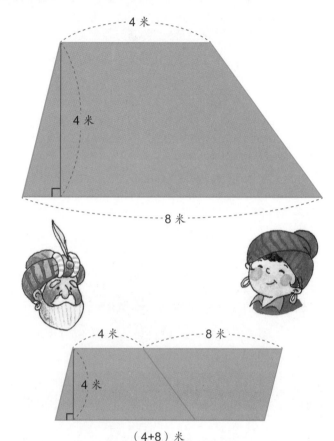

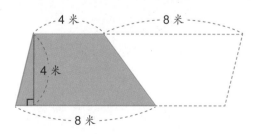

（4+8）米

　　上面平行四边形的面积是：

　　（4+8）×4=48（平方米）

　　对了。只要把上面平行四边形的面积分成2等份，就可以求出梯形的面积。

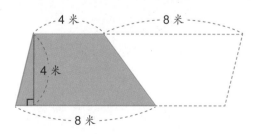

　　梯形的面积为：

　　（4+8）×4÷2=24（平方米）

◉ 梯形的面积公式

卡西姆想总结出梯形面积的公式，这样一来，就能够很容易地求出任何梯形的面积。利用梯形的：

●上底、下底……平行的两个边，一个为
　　　　　　　　上底，另一个为下底。

●高………………上底跟下底垂直线的长

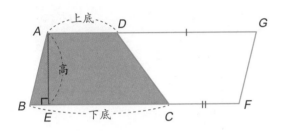

拼成的梯形的面积

= 平行四边形的面积 ÷2

=（底 × 高）÷2

=（上底 + 下底）× 高 ÷2

> **梯形的面积 =（上底 + 下底）× 高 ÷2**

利用这个公式，计算一下卡西姆所得到的土地面积。列算式如下：

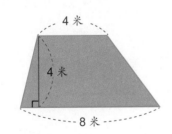

上底 下底　高
（4 + 8）×4÷2=24（平方米）

● 菱形的面积求法

请读懂下面的菱形面积的求法。

※ 算法一：使用求平行四边形的面积公式。

把下面的菱形当作底 5 厘米、高 4.8 厘米的平行四边形。列算式为：

5×4.8=24（平方厘米）

※ 算法二：从 2 条对角线的长求出。

菱形的面积

= 长方形的面积 ÷2

= 对角线 × 对角线 ÷2

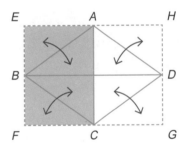

6×8÷2=24（平方厘米）

> **整　理**
>
> （1）梯形的面积，等于 2 个梯形所拼成的平行四边形的面积的一半。
>
> （2）梯形的面积 =（上底 + 下底）× 高 ÷2。
>
> （3）只要把菱形看作平行四边形就可以求出菱形的面积。或利用菱形的 2 条对角线求出菱形的面积。
>
> 菱形的面积 = 对角线 × 对角线 ÷2

三角形的面积

三角形面积的求法

少年卡西姆成功地找到了平行四边形和梯形的面积公式，所以，他想各种三角形的面积公式应该同样地可以研究出来。

我们也一起来想一想。

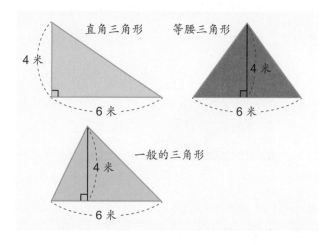

直角三角形 等腰三角形

一般的三角形

● 把三角形变换成长方形（平行四边形）

直角三角形：把夹有直角的任一边分成 2 等份，将三角形变换成长方形，就可以求出三角形的面积。

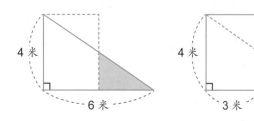

（6÷2=3）　（6÷2）×4=12（平方米）

（4÷2=2）　6×（4÷2）=12（平方米）

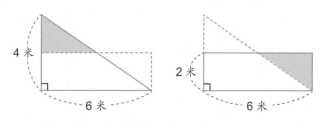

很容易就可以求出三角形的面积。

等腰三角形：跟直角三角形一样，只要把三角形变换成长方形或平行四边形就可以求出三角形的面积。

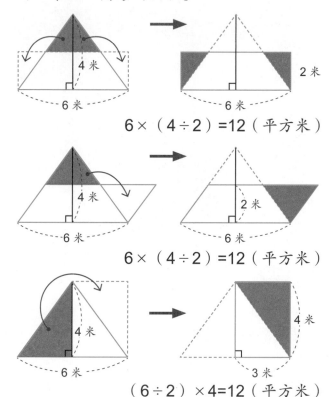

6×（4÷2）=12（平方米）

6×（4÷2）=12（平方米）

（6÷2）×4=12（平方米）

● 研究面积的求法

一般的三角形也可以作同样的考虑。看一看卡西姆所画的图，想一想面积的求法。

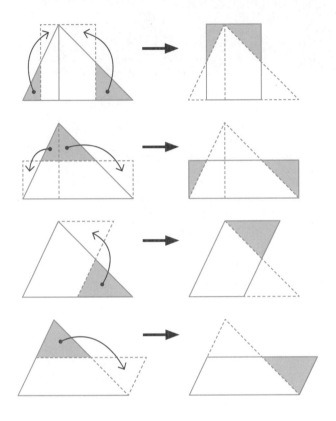

聪明的卡西姆想到，跟求梯形的面积一样，三角形的面积可不可以通过拼合 2 个三角形来求得呢？

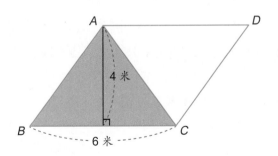

平行四边形的面积为：

$6 \times 4 = 24$（平方米）

三角形的面积为：

$(6 \times 4) \div 2 = 12$（平方米）

学习重点

①三角形的底和高的意义。

②学习三角形面积的求法，以及求面积的公式。

③钝角三角形的底和高的意义。

④钝角三角形面积的求法。

● 求三角形的面积的公式

卡西姆以平行四边形的面积的求法为基础，考虑求三角形面积的公式。

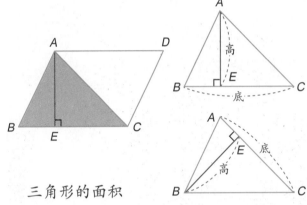

三角形的面积

= 平行四边形的面积 ÷2

= 底 × 高 ÷2

三角形有三组对应的底和高，所以要确定底与高是对应的。只要确定底，就能确定高。

三角形的面积 = 底 × 高 ÷2

整 理

（1）不用改变三角形的大小，只要把其形状变换成长方形或平行四边形来思考，就可以求出三角形的面积。

（2）由两个三角形所组成的平行四边形的面积，是三角形的面积的 2 倍。

（3）三角形的面积 = 底 × 高 ÷2。

钝角三角形面积的求法

国王提拔卡西姆做管家，并且要他测量国王所拥有的许多土地的面积。

有一天，当卡西姆调查下图这块土地的面积时，却大伤脑筋。因为这个三角形是他以前从没有碰到过的。你说，卡西姆要怎么办？

◆ 像甲这种三角形的底边和高是多少？

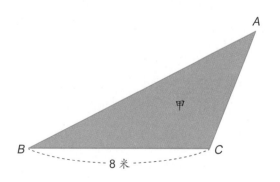

卡西姆苦恼的是，像甲这种三角形，如果用 *AB* 边当作底，那么高倒是比较容易找。可如果把 *BC* 边当作底边时，那么，如何表示它的高呢？把 *AC* 边当作高又有点奇怪，因为 *AC* 边和 *BC* 边并不垂直啊。

"对了！"卡西姆叫了一声。

只要从顶点 *A*，跟底边 *BC* 的延长直线拉一条垂直的线段 *AD*，再把 *AD* 当作高就可以了。

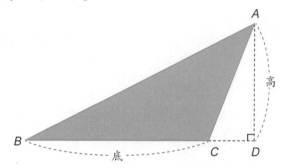

卡西姆立刻量了一下相当于高的线段 *AD* 的长度。*AD* 的长度是 5 厘米。看来 *BC* 底对应的高 *AD* 是在三角形的外面。可是，在这种情形下，能不能够使用三角形的面积公式呢？

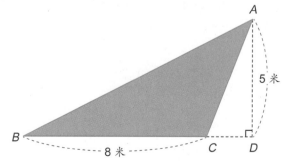

● 把形状变换成平行四边形

查一查

首先，卡西姆把三角形剪成两半，变成平行四边形。

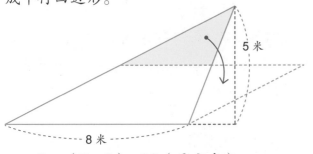

8×（5÷2）=20（平方米）

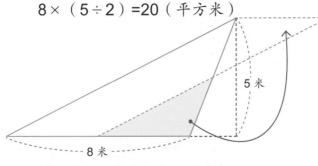

（8÷2）×5=20（平方米）

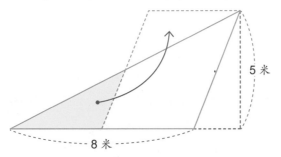

（8÷2）×5=20（平方米）

接着，把2个合并的三角形组合，变成一个平行四边形。

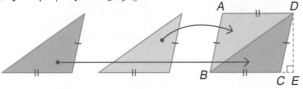

底边 BC 乘上高 DE，就是平行四边形 ABCD 的面积，然后再除以2，就可以求出三角形 DBC 的面积。

像这种三角形，也可以使用下面的公式。

三角形的面积 = 底 × 高 ÷2

◆ 每个三角形的面积都一样吗？

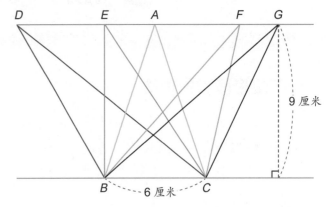

上图中，以 BC 为底边的 5 个三角形，面积全都相等。

2 条平行线的宽是 9 厘米，这就是各三角形的高。底边的长都是 6 厘米，所以，每个三角形都可以用下面的算式求出面积：

6×9÷2=27（平方厘米）

每个三角形的面积都是 27 平方厘米。

整 理

（1）下面的三角形，如果以 *BC* 边为底边，高就是 *AD*。

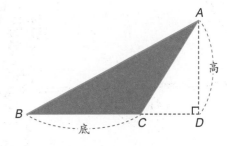

（2）任何三角形，都可以用以下的公式求出它的面积。

三角形的面积 = 底 × 高 ÷2

多边形的面积

◉ 多边形面积的求法

在国王左右测量土地面积的卡西姆，还有一个难题等待他解决。这块土地的形状如下图，因为没有办法套用前面的任何公式，所以，卡西姆很伤脑筋。

而且，像五边形或六边形那种复杂形状的土地面积求法也都还没有解决。

卡西姆应该怎么办呢？

● 变成长方形或平行四边形

卡西姆心想，能不能把这个四边形变换成长方形呢？

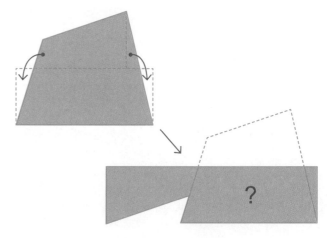

他尝试了很多办法，都失败了。

看样子，这个四边形是没有办法变换成长方形了。

想变换成长方形的努力失败后，卡西姆又想把它变换成平行四边形。

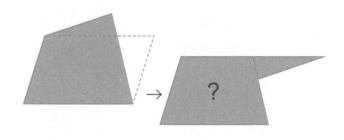

这个尝试似乎也失败了。

于是，他就想能不能把它变换成三角形呢？结果还是不行。卡西姆实在想不出来好的方法了。

● 考虑分成三角形

实在没有办法的卡西姆，无意中看到从四边形中画出来的 1 条对角线，于是，他又恢复了自信心。他要怎么做呢？

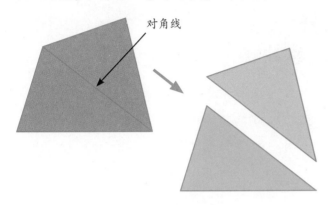

对角线

对了。用 1 条对角线，可以把这个四边形分成 2 个三角形。

量出各三角形的底和高，各三角形的面积的和就是四边形的面积。看一看下图，整理一下这个四边形的面积求法。

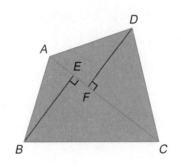

三角形 *ABC* 的面积 = 底 × 高 ÷ 2
三角形 *DAC* 的面积 = 底 × 高 ÷ 2
四边形 *ABCD* 的面积 = 三角形 *ABC* 的面积 + 三角形 *DAC* 的面积

让人高兴的是，所有的四边形都可以这样分成两个三角形。

 动脑时间

64=65 ？

比较图（1）和图（2），图（1）的正方形，格数是每边 8 个，所以，8×8=64，一共是 64 格。现在用红线将这个正方形划分成 4 个部分，如果把它重新组合就变成图（2）。

可是，图（2）的长方形，长是 13 格，宽是 5 格，所以，13×5=65，一共是 65 格，这么说 64=65 咯？

现在，实际把它画在图上，再仔细看一看。

图（1）

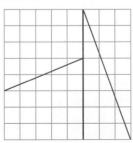

图（2）

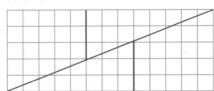

图（3）

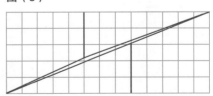

正中央是不是有点空隙？空隙的部分刚好等于一个方格。

●求五边形或六边形的面积

五边形或六边形等多边形的面积也是同样的求法。

①画对角线，分成几个三角形。

②量出各三角形的底和高。

③求出各三角形的面积。

④各三角形的面积的和，就是多边形的面积。

三角形的分法，如下图所示，分法很多，只要容易量出底和高就可以。

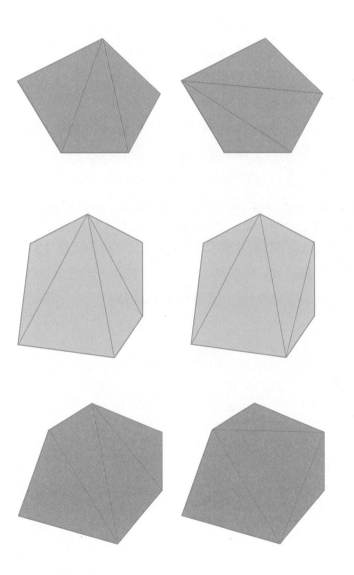

●尽量减少量的地方

六边形可以分成4个三角形。为了求出六边形的面积，就要量出各三角形的底和高2个数值，所以，合计一定要量8个地方。

想一想

现在，卡西姆想找到一种能尽量减少量的地方的方法。他能够办得到吗？请看下图，并一起想一想。

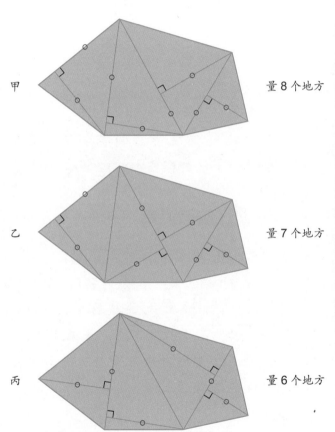

甲 量8个地方

乙 量7个地方

丙 量6个地方

在甲图中，虽然也能量出各三角形的底和高，可是，在丙图中，把每2个三角形编成一组，底边共用，所以，量的次数就减少了。

卡西姆认为，用丙图的方法量比较好。

这个不断优化的过程是很美妙的。

图形的智慧之源

面积不变形状变

面积不变，只变形状，用尺和圆规画出与四边形面积相等的三角形。

有一个如下图的四边形 *ABCD*。请画出与它面积相等的三角形。

①画对角线 *AC*。

② *CD* 边往 *C* 延长。

③从 *B* 画一条与对角线 *AC* 平行的线，与 *CD* 延长线相交的点称为 *E*。

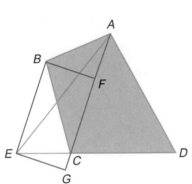

④把 *A* 与 *E* 连起来。

⑤新产生的三角形 *AEC*，与三角形 *ABC* 的面积相等。

◆ **三角形 ABC 的面积是：**

底 *AC*× 高 *BF*÷2

另外，三角形 *AEC* 的面积是：

底 *AC*× 高 *EG*÷2

因为 *BE* 和 *AC* 平行，所以，*BF* 和 *EG* 相等。

所以，三角形 *ABC* 的面积和三角形 *AEC* 的面积相等。

而四边形 *ABCD* 可以分成三角形 *ABC* 和三角形 *ACD* 两个。因此，三角形 *AEC* 的面积加上三角形 *ACD* 的面积 = 大三角形 *AED* 的面积 = 四边形 *ABCD* 的面积。

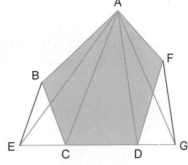

这么说，也可以画一个与五边形的面积相等的三角形。

四边形 *ABCD* 的面积等于三角形 *AED* 的面积，三角形 *AFD* 的面积等于三角形 *AGD* 的面积。所以，四边形 *ABCD* 的面积 + 三角形 *AFD* 的面积 = 五边形 *ABCDF* 的面积，也等于三角形 *AED* 的面积 + 三角形 *AGD* 的面积（等于大三角形 *AEG* 的面积）。

◆ 直角三角形中恰好可以容纳的圆的半径

下图的直角三角形，如果底是 30 厘米，高为 40 厘米，请问圆的半径是多少厘米？

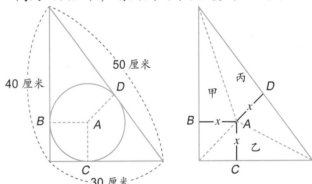

三角形的面积是：$30 \times 40 \div 2 = 600$（平方厘米）

把圆心与三角形的 3 个顶点相连，会有甲、乙、丙 3 个三角形。甲、乙、丙 3 个三角形的高就是圆的半径。把它表示为 *x* 厘米，因为三角形的面积是：甲 + 乙 + 丙，所以，列算式为：

$(40 \times x + 30 \times x + 50 \times x) \div 2$

$= 120 \times x \div 2 = 60 \times x$

因为 $60 \times x = 600$，所以 $x = 10$

答：圆的半径是 10 厘米。

巩固与拓展

整 理

1.三角形的面积

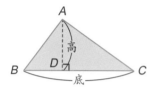 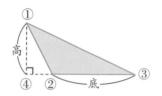

在三角形 *ABC* 中，如果把 *BC* 当作底，*AD* 就是三角形的高。在三角形①②③中，如果把②③当作底，①④就是三角形的高。

三角形的面积 = 底 × 高 ÷2

2.各种四边形的面积

（1）平行四边形

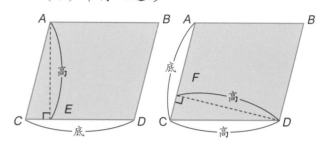

如果把 *CD* 当作底，*AE* 就是高。如果把 *AC* 当作底，*DF* 就是高。平行四边形的面积 = 底 × 高。

试一试，来做题。

1. 把 3 根旗子按照顺序用直线连接起来就成了三角形的池塘。这个池塘的面积是多少平方米？

2. 油漆匠正在刷房子的外表面。房子外表面的屋檐面积比墙壁部分的面积大多少平方米？

（2）梯形

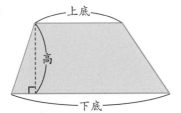

2个全等的梯形可以像上图一样合成1个平行四边形。

梯形的面积＝（上底＋下底）×高÷2

（3）菱形

菱形的面积可以利用平行四边形的公式求得，此外，还可以用下列的式子求出。

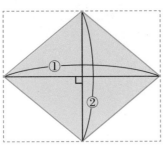

菱形的面积＝对角线①×对角线②÷2

3.多边形的面积

多边形的面积可以由下列的方法求得。

（1）把多边形分割成数个三角形。

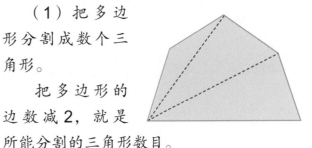

把多边形的边数减2，就是所能分割的三角形数目。

（2）求出各个三角形的面积。

（3）求出三角形的面积总和。三角形面积的总和就是多边形的面积。

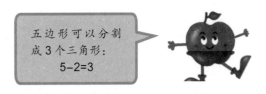

五边形可以分割成3个三角形：
5-2=3

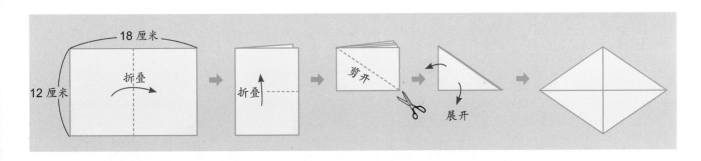

3.把长18厘米、宽12厘米的长方形纸按照上图折叠后裁剪成菱形。这个菱形的面积是多少平方厘米？

4.右图是1块多边形的田地，这块田地的面积是多少平方米？

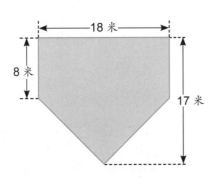

5.下图是1块平行四边形的土地。③⑥的长度是多少米？

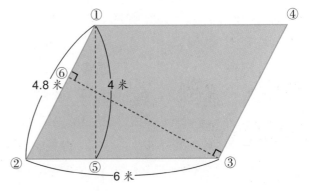

答案：1.30平方米。2.0.4平方米。3.108平方厘米。4.225平方米。5.5米。

解题训练

■ 间接求面积的应用题

1

在边长8厘米的正方形彩纸上取①、②、③3个点。由①、②、③3点连成的三角形的面积是多少平方厘米？

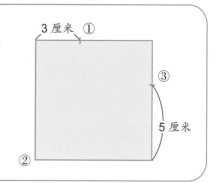

◀ 提示 ▶

先求出周围3个三角形的面积。

解法 正方形的面积减去周围3个三角形的面积，剩余的面积就是三角形①②③的面积。

A三角形的面积：$8 \times 3 \div 2 = 12$（平方厘米）

B三角形的面积：$8 \times 5 \div 2 = 20$（平方厘米）

C三角形的面积：$3 \times 5 \div 2 = 7.5$（平方厘米）

$8 \times 8 - (12 + 20 + 7.5) = 24.5$（平方厘米）

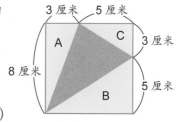

答：由①、②、③3点连成的三角形的面积是24.5平方厘米。

■ 由底与高的比例求面积的比例

2

方格纸上画了许多平行四边形，请按照面积从大到小的顺序把平行四边形的编号写出来。

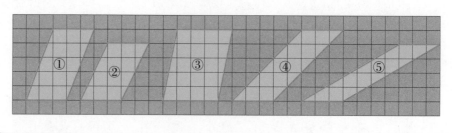

◀ 提示 ▶

由底与高的比例求面积的比例

解法 平行四边形的面积 ＝ 底 × 高，如果知道底与高的比例便知道面积的比例。

①是：$3 \times 5 = 15$；②是：$3 \times 4 = 12$；

③是：$4 \times 5 = 20$；④是：$3 \times 5 = 15$；

⑤是：$3 \times 4 = 12$。

答：面积从大到小的顺序为③、{①和④}、{②和⑤}。

①和④的关系：

底和高均相等，所以面积也相等。

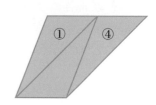

■ 把梯形分割成三角形再计算

3　梯形花圃 *ABCD* 的面积是35 平方米。利用对角线 *BC* 把花圃分割成 2 个三角形，并在三角形 *ABC* 种植郁金香。

种植郁金香的土地面积是多少平方米？

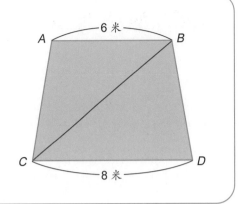

解法　把三角形 *ABC* 的边 *AB* 当作底，三角形的高就是 *CE*。*CE* 也是梯形 *ABCD* 的高，如果把 *CE* 的长度表示为 x 米。列算式如下：

$（6+8）×x÷2=35$　$x=5$（米）

因此，三角形 *ABC* 的面积是：

$6×5÷2=15$（平方米）　　答：种植郁

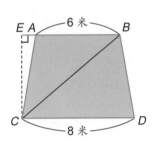

金香的土地面积是 15 平方米。

■ 把图形面积平行移动后再求解

4　右图是长为 30 米、宽为 20 米的长方形土地，土地上有 2 条道路。道路以外的土地面积是多少平方米？

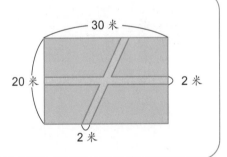

解法　先求出道路的面积，再从长方形土地的面积减去道路的面积便可求得道路以外的土地面积。下面则是另外的解题方法。

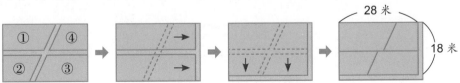

按照上图把原来的道路移到土地的两边，道路的面积依旧不变。由图可以看出，道路以外的面积可以当作 4 块土地的组合。列算式为：$（20-2）×（30-2）=504$（平方米）

答：道路以外的土地面积为 504 平方米。

加强练习

1. 有一块长方形土地按下图中的蓝线已经被切割成2块。如果想把这2块土地都变成长方形且面积保持不变，可以从虚线的部位分割大的长方形。①②的长应该是多少米才恰当？

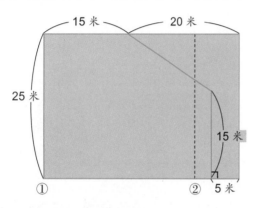

2.

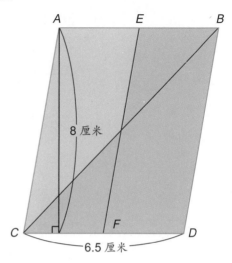

用2条直线把平行四边形分割成4个部分。E和F分别是AB与CD的中点。蓝色的梯形面积是多少平方厘米？

解答和说明

1. 像左图一般。先计算2块土地互相交错的部分。

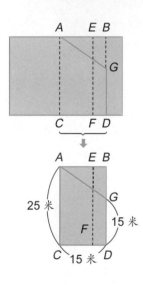

梯形ACDG的面积和长方形ACEF的面积相等，因此可以求得CF的长度。

梯形ACDG的面积为：（15+25）×15÷2=300（平方米），把CF的长表示为x米，25×x=300，x=12，所以①②的长度是：15+12=27（米）。

答：①②的长应该是27米。

2. 梯形的上底、下底以及高的长度均不详，所以无法套用梯形公式求出梯形的面积。先把平行四边形划分成右图的形状。

因为8个三角形的大小全部相同，所以每1个三角形的面积是平行四边形的面积的$\frac{1}{8}$。蓝色部分的面积是三角形的3倍。

6.5×8÷8=6.5（平方厘米）

6.5×3=19.5（平方厘米）

答：蓝色梯形的面积是19.5平方厘米。

3. 梯形ACEF和梯形EFBD的高与面积均相等，所以上底与下底的和也相等。

AE+CF=BE+DF

由此可知AE+CF的长度是：

（34+48）÷2=41（厘米）。

3. 下图 *ABCD* 是一个梯形。*AE* 的长度是 9 厘米。如果在 *CD* 的直线上取 1 点 *F*，*EF* 相连后会将梯形的面积平分为 2 等份。*CF* 的长度是多少厘米？

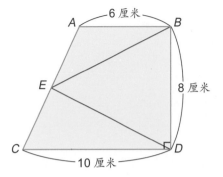

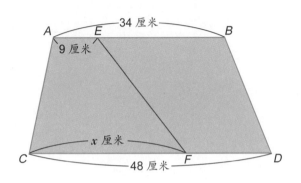

4. 下图 *ABCD* 是一个梯形。*E* 点刚好位于 *AC* 直线上的中点。求三角形 *BED* 的面积。

5. 下图三角形 *ABC* 的面积是 12 平方厘米。*E* 点位于 *BC* 的线上，*E* 点和 *C* 点的距离是 *BC* 全长的 $\frac{1}{4}$。*B* 点和 *D* 点的距离是 *AB* 全长的 $\frac{1}{3}$。绿色三角形 *ADE* 的面积是多少平方厘米？

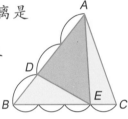

因为 *AE* 的长度是 9 厘米，因此 *CF* 的长度是：

41−9=32（厘米）

答：*CF* 的长度是 32 厘米。

4. 像右图经由 E 点画一条 *CD* 的垂直虚线，三角形 *CGE* 和三角形 *AEF* 的形状与面积均相等。得知 *GD* 的长度之后，便可求得三角形 *EBD* 的面积。列算式如下：

（6+10）÷2×8÷2=32（平方厘米）

答：三角形的面积为 32 平方厘米。

5.

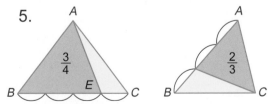

根据上图，分别列算式如下：

12÷4×3=9（平方厘米）

9÷3×2=6（平方厘米）

答：绿色三角形 *ADE* 的面积是 6 平方厘米。

应 用 问 题

1. 右图是梯形 *ABCD*。这样梯形可由直线 *AE* 划分为 2 个面积完全相等的部分。*CE* 的长是多少厘米？

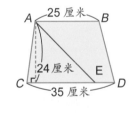

2. 右边有一个平行四边形 *ABCD*。*E*、*F* 分列为 *AB* 与 *CD* 线上的中点。褐色部分的面积是平行四边形面积的几分之几？

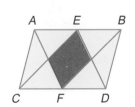

答案：1. 30 厘米。2. $\frac{1}{4}$。

体积和它的表示方法

◉ 比较长方体的容积

◆ 比较下面 2 个长方体积木的体积。

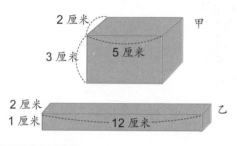

查一查

可以用边长做比较吗？

小明的想法

"乙长方体有一个 12 厘米长的边。所以，它的体积是不是比甲长方体的体积大呢？"

大华的想法

"甲长方体的高是乙长方体高的 3 倍，如果把甲像下图切开再并排会怎么样呢？"

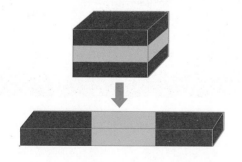

切开并排的甲跟乙的体积一比较，很明显的，甲长方体的体积比较大。

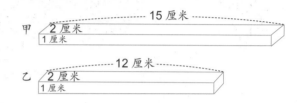

所以，若只看边长是无法知道体积的。

◆ 那么，如果把积木放入水中，再以溢出来的水的体积做比较可以吗？

因为积木会浮在水上，所以没办法做比较。

◆ 能否以单位体积来比较呢？

比较面积的时候，可以看能摆满几个 1 平方厘米并做比较。那么，体积可不可以这样比较呢？

用比较面积的方法来比较体积可以吗？

26

面积是由长和宽决定的，体积却要由长、宽、高才能决定。

从这点考虑的话，如下图，如果以边长为1厘米的正方体为单位体积，体积似乎就能以数字来表示。

以这个为单位体积，看一看甲、乙的体积。

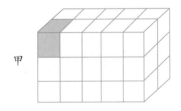

把长、宽、高各划分成若干个1厘米。然后，再看边长为1厘米的正方体有多少个。列算式为：

$5 \times 2 \times 3 = 30$（个）

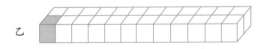

想法和甲一样，列算式为：

$12 \times 2 \times 1 = 24$（个）

由此可以知道，甲的体积比较大。

> 这种边长为1厘米的正方体体积用1立方厘米作为单位。立方厘米是体积单位。

所以，甲、乙的体积分别为：

甲…1（立方厘米）×30=30（立方厘米）

乙…1（立方厘米）×24=24（立方厘米）

甲的体积是30立方厘米；

乙的体积是24立方厘米。

更大的正方体，如边长为3米的立方体，体积就不用立方厘米作为单位，因为用边长为1米的正方体计算比较方便，所以要用立方米作为单位。

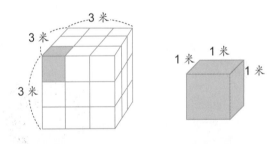

> 边长为1米的正方体体积用1立方米作为单位。

整　理

（1）边长为1厘米的正方体体积是1立方厘米。

（2）边长为1米的正方体体积是1立方米。

长方体、正方体的体积

长方体

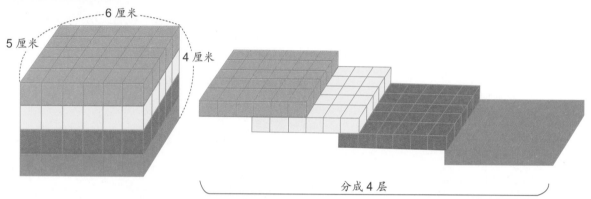

分成4层

◆看一看长方体的体积。

把长、宽、高各划分成1厘米的小格。高是4厘米，如上图所示，每层1厘米高，可分成4层。

这一点在前一页就知道了只要划分开来看就可以。

在每一层中，宽有5个、长有6个1立方厘米的正方体，共有：6×5=30（个）。

4层一共有1立方厘米的小正方体：30×4=120（个）。

用体积的单位表示为：

1×120=120（立方厘米）

◆看一看正方体的体积。

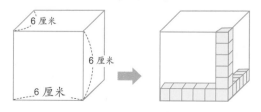

边长为6厘米的正方体，用左边的方法计算的话，因为高是6厘米，所以，每层为1厘米高，可分成6层。

每一层中，长、宽各有6个1立方厘米的正方体，所以，6层一共有1立方厘米的正方体数量为：6×6×6=216（个）。

用左下图的体积单位表示为：

1×216=216（立方厘米）

◆整理一下长方体、正方体的体积求法。

从以上的情形可以知道，长方体或正方体的体积，可以通过比较长、宽、高有边长为1厘米的正方体（单位体积的正方体）数目求出来。

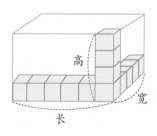

学习重点

①求长方体、正方体的体积公式为
　长方体的体积 = 长 × 宽 × 高
　正方体的体积 = 边长 × 边长 × 边长
②把立体图形分成若干个长方体，再用它们体积的和求出立体图形的体积。

③容器中装满水的体积，称为该容器的容积。容器里面的尺寸，称为该容器的内侧尺寸。
④容器的容积 = 容器内侧的长 × 容器内侧的宽 × 容器内侧的高

※ 经过整理后，可以表示如下。

　这个就是求长方体、正方体体积的公式。

　　长方体的体积 = 长 × 宽 × 高

　　正方体的体积 = 边长 × 边长 × 边长

　边长为 1 厘米的正方体，它的体积是 1 立方厘米。不过，体积 1 立方厘米的正方体，未必是边长为 1 厘米的正方体。

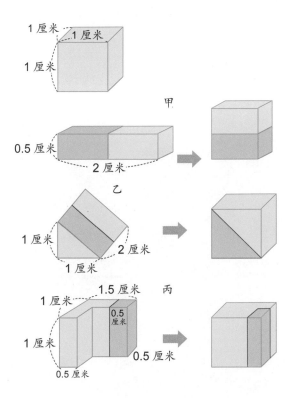

甲、乙、丙中不论哪一种形状，按照左下图分开组合后，都是边长为 1 厘米的正方体。

例　题

用公式计算体积。

（1）

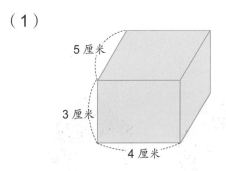

　　长方体的体积 = 长 × 宽 × 高

　　　　　　　　 = 5 × 4 × 3

　　　　　　　　 = 60（立方厘米）

（2）求长为 5 厘米、宽为 3 厘米、高为 8 厘米的长方体的体积。

　　长方体的体积 = 长 × 宽 × 高

　　　　　　　　 = 5 × 3 × 8

　　　　　　　　 = 120（立方厘米）

　因为可以把正方体当作长、宽、高都一样的长方体，所以，求正方体的体积也可以用求长方体体积的公式。

各种形状的体积

◆ 以长方体的体积求法为基础，研究像下图这种形状的体积求法。

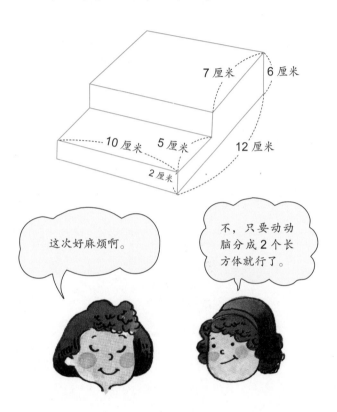

（1）垂直切，分成甲、乙2个长方体。

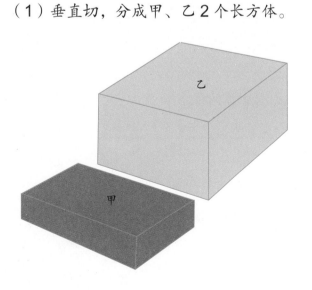

（2）水平切，分成丙、丁2个长方体。

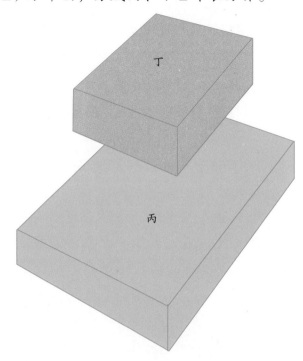

（3）补一补，想一想加上戊后的形状。

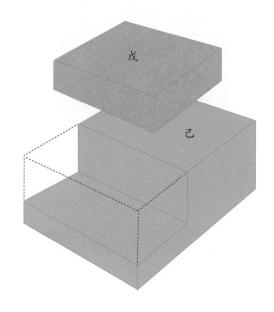

前面已经想到，可以用求长方体的体积的公式来计算，现在，实际求一下。

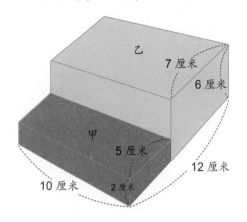

用（1）的想法求它的体积。就是分成甲、乙2个长方体。仔细看这2个长方体，可以发现10厘米的边可以作为它们共同的高。

计算如下：

$2 \times 5 \times 10 + 6 \times 7 \times 10$

$= （2 \times 5 + 6 \times 7） \times 10 = 520$（立方厘米）

像这样，求立体图形的体积，可以先将它分成若干个小长方体，再用求长方体体积的公式就可以了。

例 题

求下面立体图形的体积。

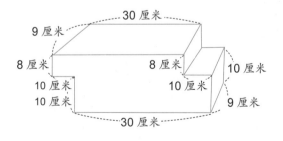

◆ 先把它当作完整的长方体计算，再减掉缺口的部分乙、丙。

它们的宽都是一样的。

列算式如下：

$[（8+10） \times （30+10） - （10 \times 10$
　　　甲　　　　　　乙
$+8 \times 10）] \times 9 = 4860$（立方厘米）
　　丙

答：立体图形的体积为4860立方厘米。

◆ 分成3个长方体计算。

它们的宽都是一样的。

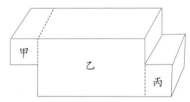

列算式如下：

$[10 \times 8 + （30-10） \times （8+10）$
　甲　　　　　乙
$+10 \times 10] \times 9 = 4860$（立方厘米）
　　丙

答：立体图形的体积为4860立方厘米。

整 理

（1）求长方体、正方体的体积可用以下的公式。

长方体的体积＝长×宽×高

正方体的体积＝边长×边长×边长

（2）复杂形状的体积，要先分成若干个正方体或长方体再计算。

容积

◆看一看，下面容器的容积。

下面容器中装满水或其他液体的体积就称为该容器的容积。

要求容积，一定要先知道什么？

因为东西是装在容器里面，所以，一定要知道容器里面的尺寸，也就是容器内侧尺寸。

这个容器是长方体。制作这个容器的材料，厚度都是1厘米。

这么说，装了东西的形状，也可以说是长方体了。

必须先知道这个立体图形内侧的长、宽、深。

长方体中的"高"，在计算容积时就叫作"深"。先看右上图：

a……容器内侧的宽
b……容器内侧的长
c……容器内侧的深

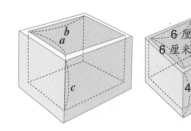

这个容器的内侧尺寸是：宽6厘米，长6厘米，深4厘米。

现在，求出这个容器的容积。

如果把装满的东西取出来，就如下图。

原来说是容积，其实跟容器中装满水的体积一样嘛。

所以，可以把它看作长为6厘米、宽为6厘米、高（深）为4厘米的长方体。

因此，列算式为：

6×6×4=144（立方厘米）

容器中，正方体或长方体的容积，也可以用下面的公式求出。

容积＝内侧的长 × 内侧的宽 × 内侧的深

例　题

下图是由厚 1 厘米的板子所制造的长方体盒子，求它的容积。

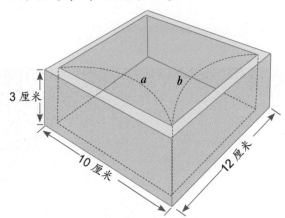

先求出容器内侧尺寸，再使用长方体的体积公式计算。

内侧的宽（a）=10−1×2（厘米）；

内侧的长（b）=12−1×2（厘米）；

内侧的深（c）= 3−1（厘米）。

所以，这个容器的容积为：

（10 − 1 × 2）×（12 − 1 × 2）×（3−1）=160（立方厘米）

答：它的容积为 160 立方厘米。

在以上计算过程中，要理解为什么求宽、长都要减去 2 个 1 厘米。

整　理

（1）容器中所能容纳物体的体积，称为该容器的容积。

（2）容器内侧的尺寸称为内侧尺寸。

（3）求容积的公式

容积 = 内侧的长 × 内侧的宽 × 内侧的深

动脑时间

立体的组合法

4 个正方体粘在一起，可以产生以下 8 种立体图形。同样两个立体图形相叠可变成大正方体的有哪些？

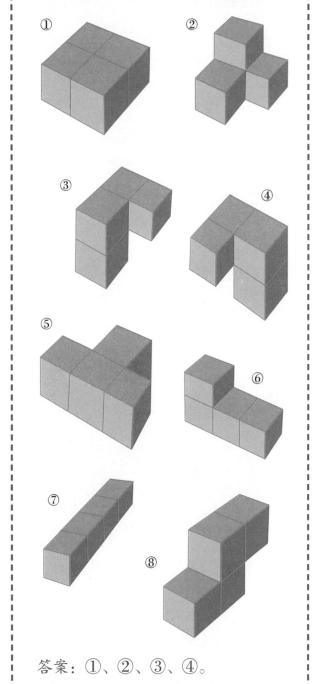

① ② ③ ④ ⑤ ⑥ ⑦ ⑧

答案：①、②、③、④。

体积的测定和估算

● 体积的概测

测量游泳池蓄满水的体积。调查学校的游泳池，长是 25 米，宽是 10.5 米。水池深度：浅的地方是 0.8 米，深的地方是 1.5 米，跳水那一端深度是 1.2 米。

请问要如何量它的体积？

◆ 把游泳池的形状当作长方体，再计算一下放满水的体积。

3 种深度平均的话，大约是 1.2 米。

列算式如下：

$25 \times 10.5 \times 1.2 = 315$（立方米）

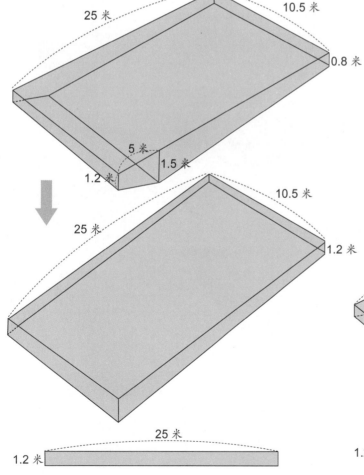

◆ 求详细的体积。

如图所示，列算式如下：

$(0.8+1.5) \times 20 \div 2 \times 10.5 = 241.5$（立方米）

$(1.2+1.5) \times 5 \div 2 \times 10.5 = 70.875$（立方米）

$241.5 + 70.875 = 312.375$（立方米）

可以说两种算法的结果没什么差别。

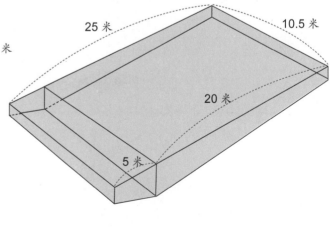

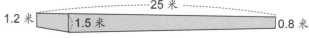

●研究体积的量法①

例 题

近似长方体或正方体的形状，可把它当作长方体或正方体，这样就可以求出其大概的体积。请计算下图的体积。

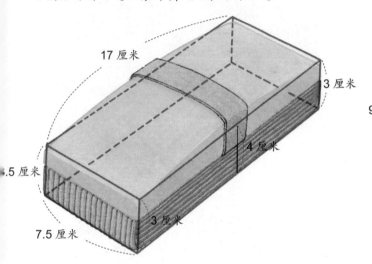

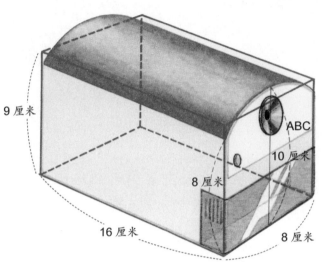

◆计算如下：

7.5×17×3.5=446.25（立方厘米）

◆计算如下：

8×16×9=1152（立方厘米）

动脑时间

3升和5升的量器的用法

只用3升和5升的量器，可以测量1升到8升的水量。

●测量1升　先把3升量器的水倒入5升的量器，5升的量器还可以再装2升的水。接着，再把3升量器的水倒满5升的量器后，结果，3升的量器内会剩下1升的水。这样，就可以量出1升。

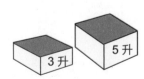

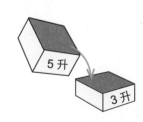

●测量2升　这个更简单。只要把装满5升的量器的水倒满3升的量器，5升的量器内就会剩下2升水。

照这样做的话，从1升到8升的水都可以量出来。

不过0.5升的水要怎么量出来呢？参考下图想一想。

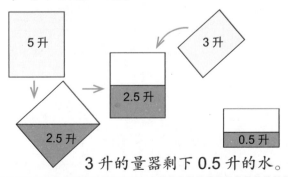

3升的量器剩下0.5升的水。

●研究体积的量法②

研究看一看，像石头那种不规则形状的体积要怎么量？

要怎样量好呢？

如果把物体放进装满水的浴池或水桶，浴池或水桶中的水就会溢出来。

◆用溢出来的水量，测量石头的体积。

①将能够容纳测量物体的容器内装满水，再将该容器放入一个更大的空容器内。

②把测量物体轻轻放进装满水的小容器内，水会溢到大容器内。

③溢出来的水用圆筒计量杯测量。大约有 400 立方厘米。

◆ 用"增多"的水量，测量石头的体积。

在一个知道内侧尺寸的容器里，加进去的水刚好可以掩盖住要量的物体。

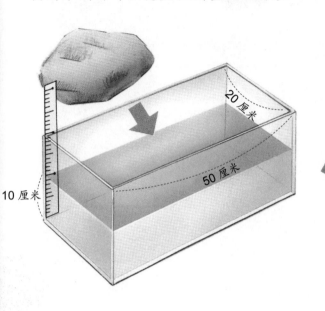

这个容器的内侧尺寸，长为 50 厘米，宽为 20 厘米。然后，在容器中把水加到 10 厘米的高度。看一下如何测量体积。

放进石头后，水深到达 12 厘米。深度上涨了 2 厘米（12-10），所以，石头的体积为：

20×50×2=2000（立方厘米）

答：石头的体积约为 2000 立方厘米。

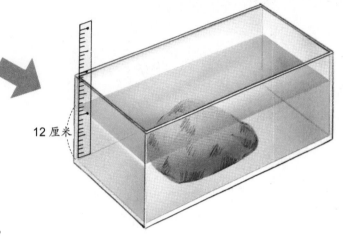

利用这种方法，可以求出物体的体积。

整 理

（1）近似长方体或正方体的物体，可以把它当作长方体或正方体，就可以求出其体积。

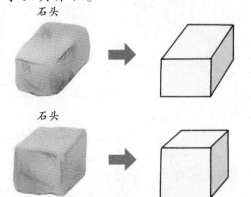

石头

石头

（2）石头可以换成水的体积计算。

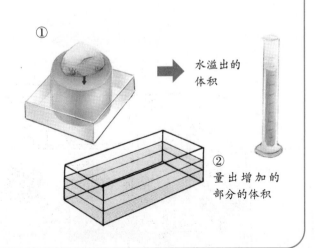

① 水溢出的体积

② 量出增加的部分的体积

巩固与拓展

整 理

1. 体积的单位

● 长、宽、高各为 1 厘米的正方体体积是 1 立方厘米（1cm³）。

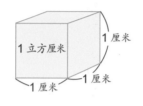

1 立方厘米
1 厘米
1 厘米
1 厘米

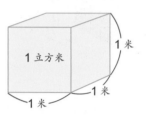

1 立方米
1 米
1 米
1 米

● 长、宽、高各为 1 米的正方体体积是 1 立方米（1m³）。

2. 长方体的体积公式

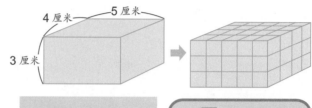

4 厘米　5 厘米
3 厘米

长方体的体积 = 长 × 宽 × 高

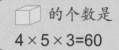

的个数是
4×5×3=60

● 正方体的体积

把正方体当作长、宽、高等长的长方体。

正方体的体积 = 边长 × 边长 × 边长

试试看，来做题。

1. 大象所搬运的正方体方糖边长为 1 米，老鼠搬运的正方体方糖边长为 1 厘米。大象搬运的方糖的体积是老鼠搬运的方糖的体积的几倍？

2. 有 2 块冰块，1 块是长方体，1 块是正方体。长方体的长为 15 厘米、宽为 12 厘米、高为 10 厘米。正方体的边长是 12 厘米。哪一块的体积比较大？大多少立方厘米？

3. 不规则立方体的体积

（1）先分为数个长方体或正方体，求它们的体积，然后相加。

（2）把全体当作1个完整的长方体，然后减去缺角的部分。

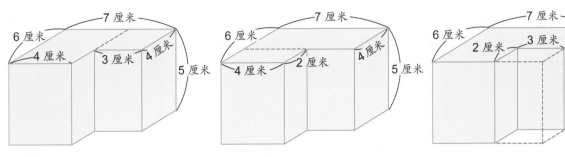

6×4×5+4×3×5=180（立方厘米）　　4×7×5+2×4×5=180（立方厘米）　　6×7×5−2×3×5=180（立方厘米）

4. 容积

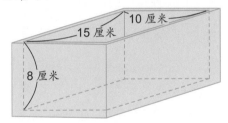

● 在容器里面装满水时，水的体积就是容器的容积。

● 容器内侧的长、宽、高叫作容器内侧的尺寸（计算容积时必须使用容器内侧的尺寸）。

15×10×8=1200（立方厘米）

---

3. 有1个长方体的池塘，内侧的长是2米、宽是1.5米。

（1）如果池塘里的水深是60厘米，池塘里的水是多少立方米？

（2）把（1）的水量再加上0.6立方米的水量后，池塘便装满了水。这个池塘的深度是多少米？

4. 下图是1个木制的建筑物模型。求出这个模型的体积。

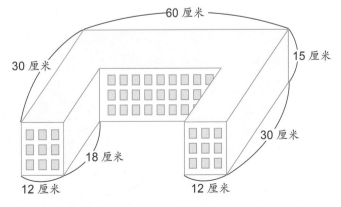

答案：1.1000000倍。2.长方体的体积较大，大72立方厘米。
3.（1）1.8立方米；（2）0.8米。4.17280立方厘米。

解题训练

■ 由展开图求容积

1 如右图，长方形纸板的长是 30 厘米、宽是 20 厘米。从这块纸板的 4 个角各裁去 1 个边长为 4 厘米的正方形，剩余的纸板可以做成 1 个没有盖子的箱子。这个箱子的容积是多少立方厘米？

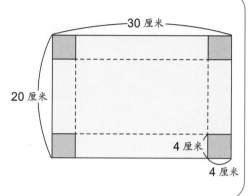

◀ 提示 ▶
去掉 4 个角后，按照虚线折叠，便可做成 1 个无盖的长方体箱子。

解法 先计算箱子的长、宽、高各是多少厘米。因为长方形纸板的 4 个角各裁去 1 个边长为 4 厘米的正方形，所以长方体的长和宽都比纸板原本的长和宽缩短了 4 厘米的 2 倍。长方体的深度是 4 厘米。列算式为：

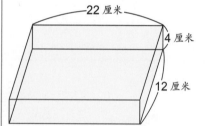

（20−4×2）×（30−4×2）×4=1056（立方厘米）

答：箱子的容积是 1056 立方厘米。

■ 求不规则的立方体的体积

2

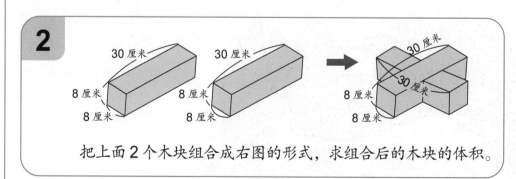

把上面 2 个木块组合成右图的形式，求组合后的木块的体积。

◀ 提示 ▶
注意 2 个木块重叠部分的体积。

解法

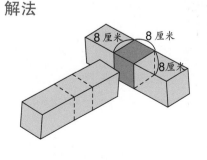

把 2 个木块的体积总和减去重叠部分的正方体的体积，便可求得组合后的木块的体积。列算式如下：

8×8×30=1920。（立方厘米）

1920×2−8×8×8=3328（立方厘米）

答：组合后木块的体积为 3328 立方厘米。

■ 由容器外面的尺寸与厚度求出容器的容积

3 利用1厘米厚的木板制作类似右图的容器。这个容器的容积是多少升？

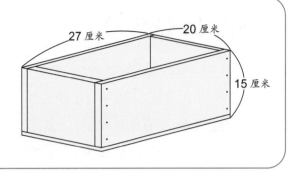

◀ 提示 ▶
容器外侧的尺寸减去板子的厚度，便可求得容器内侧的尺寸。

解法 先计算容器内侧的尺寸。

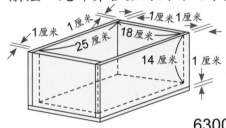

容器内侧的长和宽都比容器外侧的尺寸小2厘米，容器内侧的深度比容器外的尺寸少1厘米。列算式如下：
（27−2）×（20−2）×（15−1）
=6300（立方厘米）

6300立方厘米=6.3升

答：容器的容积为6.3升。

■ 边长扩大2倍、3倍时，体积（容积）的改变情况

4 正方体容器内侧的边长是5厘米。
（1）内侧的边长如果扩大到2倍，容积会扩大几倍？
（2）内侧的边长如果扩大到3倍，容积会扩大几倍？

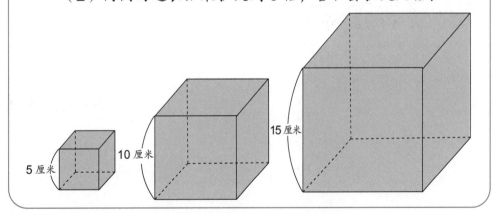

◀ 提示 ▶
由图可以看出差别。先计算容积再比较大小。

解法 先计算各个不同容器的容积，然后再比较大小。

边长为5厘米的正方体的容积为：5×5×5=125（立方厘米）

边长为10厘米的正方体的容积为：10×10×10=1000（立方厘米）

扩大的倍数为：1000÷125=8（倍）

边长为15厘米的正方体的容积为：15×15×15=3375（立方厘米）

扩大的倍数为：3375÷125=27（倍）

答：（1）扩大8倍；（2）扩大27倍。

※ 边长扩大4倍，容积会扩大64倍（4×4×4）。

加强练习

1. 长方体水槽的内部长为 15 厘米、宽为 8 厘米、深为 15 厘米。在这个水槽中加入 0.9 升的水，然后在水槽中放置 1 块长为 5 厘米、宽为 12 厘米、高为 3 厘米的长方体铁块。水槽的水面会上升多少厘米？

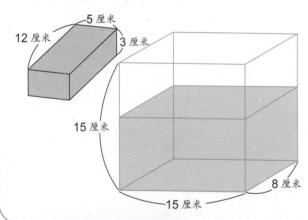

2.

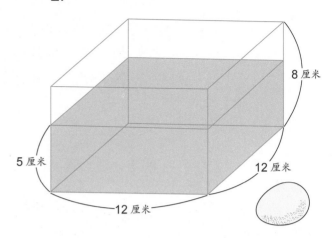

长方体容器里面的长与宽都是 12 厘米，深是 8 厘米。把水注入容器里，水的深度是 5 厘米，然后在水中放置 4 个蛋，水的深度变成 6.8 厘米。蛋的大小全部相同，求每个蛋的体积。

解答和说明

1. 水上升后增加的体积等于长方体铁块的体积。

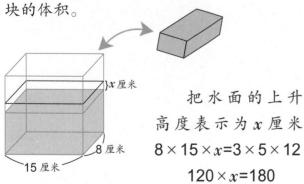

把水面的上升高度表示为 x 厘米

$$8 \times 15 \times x = 3 \times 5 \times 12$$
$$120 \times x = 180$$

$x = 180 \div 120 = 1.5$（厘米）

答：水槽的水面会上升 1.5 厘米。

2. 和 1 题相同，水面上升后增加的体积等于 4 个蛋的体积总和。

放置 4 个蛋后增加的水深是：

6.8−5=1.8（厘米）。把 4 个蛋的体积总和除以 4 就是每个蛋的体积。列算式如下：

$$12 \times 12 \times 1.8 \div 4 = 64.8 （立方厘米）$$

答：每个蛋的体积为 64.8 立方厘米。

3. 先求整个容器的容积。

下面台形部分的容积是：

$$8 \times 8 \times 4 = 256 （立方厘米）$$

上面直立部分的容积是：

$$4 \times 4 \times 20 = 320 （立方厘米）$$

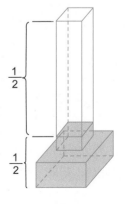

台形部分的容积不到整体的一半，注入 $\frac{1}{2}$ 的水之后，整个容器内的水会像右图一样。图中空白部分的体积等于上下 2 个容器体积的 $\frac{1}{2}$。注意从空白部分入手比较方便。

3. 下图的容器是由 2 个重叠的长方体构成的。图中所示的长度都是长方体内侧的长度。

如果把水注入这个容器里，水量是容器容积的 $\frac{1}{2}$，水深应是多少厘米？

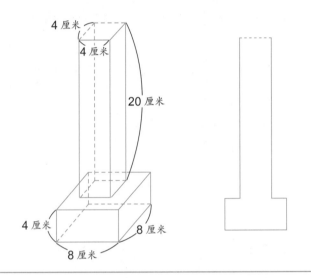

4. 长方体水槽内侧的长、宽都是 10 厘米，深是 15 厘米，水槽里的水深是 7.5 厘米。

现在把 1 根长、宽都是 5 厘米的长方体木棒垂直地放进水槽底部，然后把沾水后的木棒取出，木棒沾水的部分有几厘米长？

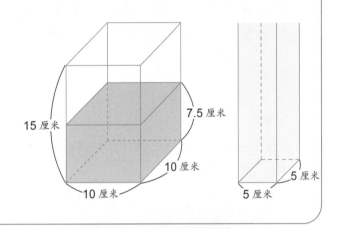

（256+320）÷2=288（立方厘米）

288÷（4×4）=18（厘米）（由上面计算的长度）

20+4-18=6（厘米）答：水深应是 6 厘米。

4. 由各个不同形状可以算出木棒沾水部分的体积是水的体积的 $\frac{1}{3}$。

如果把棒子沾水部分的长度表示为 x 厘米，则列算式如下：

$5×5×x=10×10×7.5÷3$ $x=10$

答：木棒沾水部分有 10 厘米长。

其他解法：水的体积不变，把木棒沾水部分的长度表示为 x 厘米，则算式为：

$10×10×7.5=（10×10-5×5）×x$

$x=10$（厘米）

应用问题

1. 正方体容器内侧的边长都是 10 厘米，把水注入容器里，水深为 8 厘米。如果在水中放置石头，水会溢到容器外面，溢出的水是 250 立方厘米。这块石头的体积是多少立方厘米？

2. 有 10 个正方体积木，积木的边长都是 2 厘米，把这些积木叠起来做成正方体。如果要叠成更大的正方体，需要多少块积木？这个大型正方体的体积是多少立方厘米？

答案：1.450 立方厘米。

2.27 块，216 立方厘米。

图形的智慧之源

油的分配

《尘劫记》是日本江户时代的一本有名的算术书籍，书中有一个类似这样的问题。

有一个 10 升的容器，里面装满了油。现在想把它分给 2 个人各 5 升，可是，只有 7 升和 3 升的量器。请问如何利用这 2 个量器顺利把油分成各 5 升？

分配的方法如下图。

看了下图，程序相当麻烦。不过，要用这种方法解决的话，情形就是如此。有什么办法记住这样的程序呢？秘诀是：把题中的三个容器按容量大到小，分别叫作甲、乙、丙。

规则 1：乙量器空的话，就把甲的油倒入乙。

规则 2：乙装了油后，在丙尚未装满时，把乙的油倒入丙。

规则 3：乙装了油，丙也装满的话，丙的油就要移给甲。

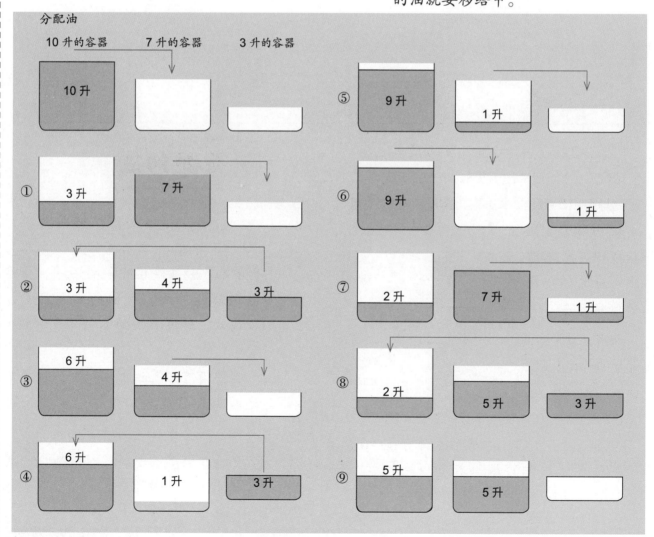

分配油

10 升的容器　　7 升的容器　　3 升的容器

① 3 升　　7 升

② 3 升　　4 升　　3 升

③ 6 升　　4 升

④ 6 升　　1 升　　3 升

⑤ 9 升　　1 升

⑥ 9 升　　1 升

⑦ 2 升　　7 升　　1 升

⑧ 2 升　　5 升　　3 升

⑨ 5 升　　5 升

依照这 3 个规则移换的话，自然能够解决，请再仔细看一遍前述《尘劫记》中问题的解法。照它的方法做一做。

西方也有一个跟分配油类似的问题。不过，西方分配的不是油，而是葡萄酒。

分配葡萄酒

西方的这个问题是这样的。

有个 8 升的容器装了 8 升的葡萄酒。请用 5 升和 3 升的量器把它分成各 4 升。

利用前面的规则，一起来解决这个问题。当你充分领会这种分配方法之后，现在，由你一个人来解决下面的问题：有 9 升和 7 升的量器各一个，请问如何把 16 升的液体分成各 8 升？

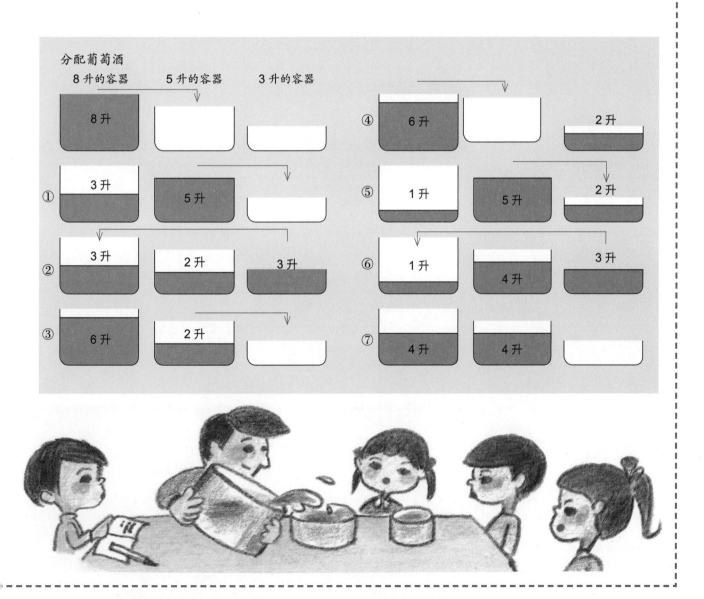

步印童书馆 编著

北京市数学特级教师 丁益祥
北京市数学特级教师 司梁
『卢说数学』主理人 卢声怡
联袂力荐

小牛顿
数学分级读物

第五阶　**5** 圆与正多边形

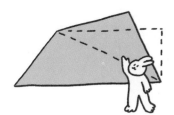

中国儿童的数学分级读物
培养有创造力的数学思维

讲透原理 ➡ 系统进阶 ➡ 思维转换

电子工业出版社·
Publishing House of Electronics Industry
北京·BEIJING

图书在版编目（CIP）数据

小牛顿数学分级读物. 第五阶.5, 圆与正多边形 /
步印童书馆编著. -- 北京：电子工业出版社，2024.6
ISBN 978-7-121-47693-8

Ⅰ. ①小… Ⅱ. ①步… Ⅲ. ①数学 - 少儿读物 Ⅳ.
①O1-49

中国国家版本馆CIP数据核字(2024)第074954号

特别鸣谢本书组稿策划人郑利强先生。

责任编辑：赵　妍　季　萌
印　　刷：当纳利（广东）印务有限公司
装　　订：当纳利（广东）印务有限公司
出版发行：电子工业出版社
　　　　　北京市海淀区万寿路173信箱　邮编：100036
开　　本：889×1194　1/16　印张：19.25　字数：387.6千字
版　　次：2024年6月第1版
印　　次：2024年6月第1次印刷
定　　价：120.00元（全6册）

圆和正多边形

三角形、四边形角的大小

● 三角形 3 个角的和

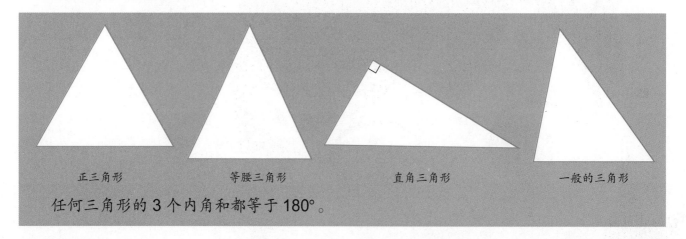

正三角形　　　　等腰三角形　　　　直角三角形　　　　一般的三角形

任何三角形的 3 个内角和都等于 180°。

求证看一看

如下图，在纸上画出三角形再剪下来，再把 3 个角集中在一处。

剪下三角形，再像下图一样折看一看。

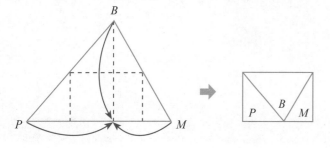

可以清楚地看出来，三角形 3 个内角和等于 180°。

三角形 3 个内角和等于 180°。

想一想

利用平行线想一想。

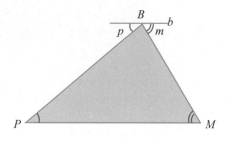

与三角形 BPM 的边 PM 平行，通过顶点 B，作直线 b。

因为直线 b 和 PM 平行，所以角 P 和角 p 相等，角 M 和角 m 相等。

换句话说，三角形 *BPM* 的内角，刚好是以 *B* 点为中心，组成一个平角。

由此得知，三角形 3 个内角和等于 180°。

◉ 多边形的内角和

我们已经用各种方法验证过，三角形 3 个内角和等于 180°，利用这一点，想一想多边形的内角和等于多少。

● 四边形

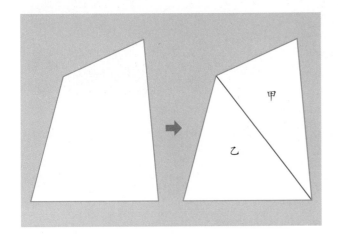

在四边形上画对角线，分成甲和乙 2 个三角形。

甲三角形的内角和为 180°

乙三角形的内角和为 180°

四边形的内角和为：
$$180° \times 2 = 360°$$

四边形的内角和等于 360°

像这样，利用三角形内角和等于 180°，可以求出各种多边形的内角和。

● 五边形

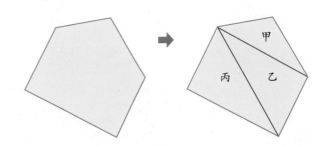

画对角线，可以将五边形分成甲、乙、丙 3 个三角形。

所以，五边形的内角和为：
$$180° \times 3 = 540°$$

● 六边形

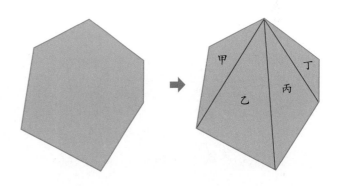

画对角线，可以将六边形分成甲、乙、丙、丁 4 个三角形。

所以，六边形的内角和为：
$$180° \times 4 = 720°$$

◆ 关于各种多边形，只要画对角线，看可以分成几个三角形，就可以求出其内角和。

正多边形

小健他们要做游艺会时舞台所用的装饰。要怎么样才能够做出形状整齐的装饰呢?

请各位同学做像下图中的装饰。

圆心周围的角都是等分的。

对了。先画圆,再把圆心周围的角等分就可以了。

任何装饰都有它的中心点。注意装饰外侧的顶点和中心相连的线。

● 正五边形

小健负责做有 5 个顶点的星形装饰。

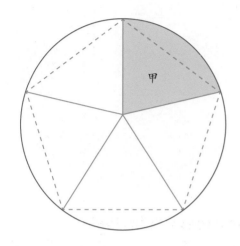

小健画了一个正五边形，再以它作为基础，画出一个星形。

你看，是漂亮的等腰三角形。

因为星形有 5 个顶点，所以，中心角的大小计算如下，并画出上图。

$$360° ÷ 5 = 72°$$

中心角是 72° 的话，如上图，刚好是 5 等份。

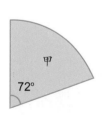

如左图的形状称为扇形。扇形甲的中心角是 72°。

把划分的 5 个点连起来，就是一个边长和角大小相同的五边形。

边长和角度都相等的三角形，称为正三角形。所以，正方形也可以称为正四边形。

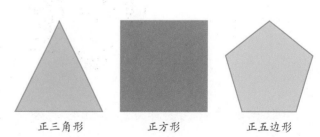

正三角形　　正方形　　正五边形

还有，像正六边形、正七边形、正八边形等，统称为正多边形。

所有边长、角度都相等的多边形，称为正多边形。

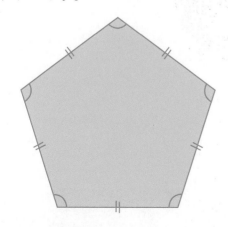

※ 这种五边形称为正五边形。

◉ 正六边形

小惠要做的是有 6 个顶点的星形装饰。

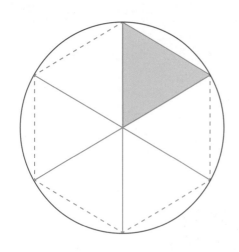

因为有 6 个顶点，所以，扇形的中心角计算如下：

$$360° ÷ 6 = 60°$$

扇形的中心角为 60°。

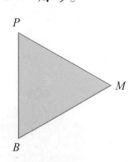

着色的地方是正三角形吗？

取出上面着色的部分，求证它是否是正三角形。

① 因为上图的中心角是 60°，所以，角 B 也是 60°。

② 因为 BP 和 BM 都是圆的半径，所以，长度一样。

从①和②知道，角 P、角 M 都是 60°，所以，三角形 BPM 是正三角形。

把划分圆的 6 个点连起来，就是一个边长和角度都相等的正六边形。

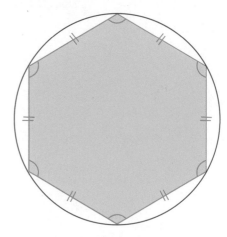

※ **这种六边形称为正六边形。**

小惠以正六边形为基础，做出了有 6 个顶点的星形装饰。

1、2、3 连起来是等腰三角形；1、3、5 连起来是正三角形。

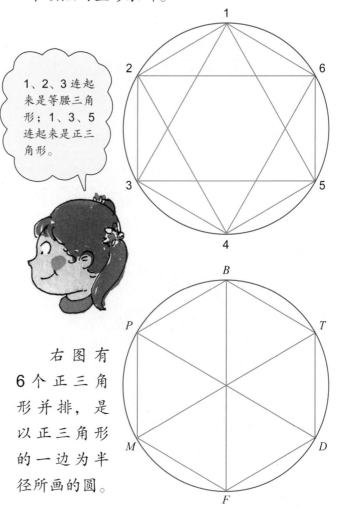

右图有 6 个正三角形并排，是以正三角形的一边为半径所画的圆。

● 正六边形的画法

用圆规画一个边长为 2 厘米的正六边形。

① 以半径为 2 厘米先画一个圆，再以 B 为圆心，取 P、M 点，延长 B、P、M 和圆心相连的线，得到 F、D、T 点。

② 6 个点连起来，刚好是一个正六边形。

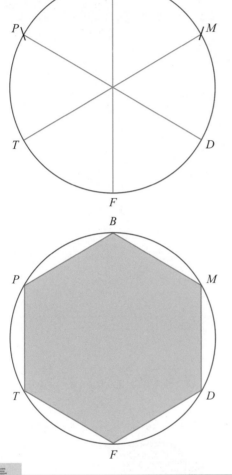

◉ **正八边形**

小刚要做的是有 8 个顶点的星形装饰。

像小健他们一样，以正八边形为基础就可以做出来。

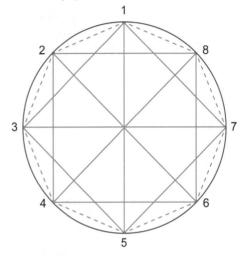

正八边形的中心角为：$360° ÷ 8 = 45°$。

如上图，把划分的点连起来，就是一个边长和角度都相等的正八边形。

照下图的做法，很容易做出正八边形。

求证看一看

小刚想到了另一种方法，像下图那样，可以把纸折成正八边形。

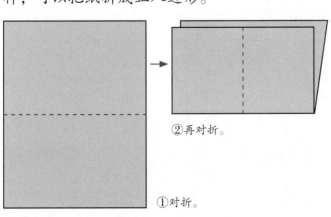

① 对折。

② 再对折。

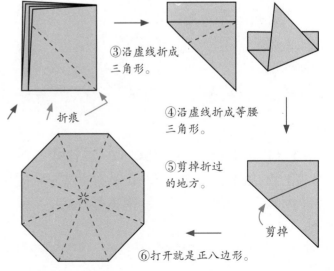

③ 沿虚线折成三角形。

④ 沿虚线折成等腰三角形。

⑤ 剪掉折过的地方。

⑥ 打开就是正八边形。

折痕

剪掉

● 正多边形的内角和

正三角形或正方形的一个角分别是60°或90°，那么正五边形、正六边形、正八边形的一个角是多少度呢？

利用三角形内角和等于180°，以及正多边形各内角相等的性质，求出一个角的度数。

● 正五边形

用1个顶点所画的2条对角线，可以将正五边形分成3个三角形。

正五边形全部内角的和是：180°×3=540°。

每一个内角是：540°÷5=108°。

● 正六边形、正八边形

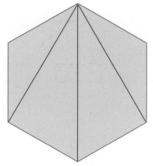

180°×4÷6=120°
※ 正六边形的一个内角是120°。

180°×6÷8=135°
※ 正八边形的一个内角是135°。

◆ 把调查的结果列成表。

	正五边形	正六边形	正八边形
三角形的数目	3	4	6
内角和	180°×3	180°×4	180°×6
一个内角	108°	120°	135°

小健：正三角形套用上表的话，是"分"成1个三角形，内角和为：180°×1；每个内角是60°。

小刚：正方形，也就是正四边形是分成2个三角形，内角和为：180°×2；每个内角是90°。

小惠：顶点的数目也许跟1个内角的大小有某种关系哦。

你能注意到这点很不错。正多边形的顶点数目和1个内角的大小有以下的关系。
180°×（顶点的数目−2）÷（顶点的数目）=（1个内角的大小）
正多边形的顶点数与边数其实是一样的。

想一想

小健利用右图，计算正五边形的1个内角。

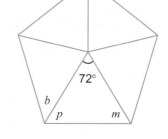

正五边形的1个内角是角 b+角 p。

另外，72°+角 p+角 m=180°。

因为5个三角形的形状、大小相等，所以，角 b、角 p、角 m 的大小也相等，角 b+角 p=180°−72°=108°。

正五边形的1个内角是108°。

◆ 指定边长画正六边形。

小惠已经知道，正六边形的 1 个内角是 120°，利用这点要画边长为 5 厘米的正六边形。

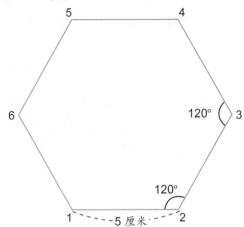

首先，画 1 条 5 厘米的线段，从其中一端量 120°，再画长 5 厘米的线段，可是，小惠画到最后，所画的 6 与 1 却没有办法正好用 5 厘米的线段连起来。

因为小惠量了几次角度，总是会有一点儿偏差。能不能换一种画法呢？

下图是利用正三角形 2 个角的和为120° 所画的。

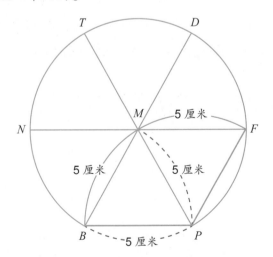

B、P、M、F 点确定后，D、T、N 也可以确定，连起来就是正六边形。

◆ 现在，再利用这点，从中心出发来画正五边形。

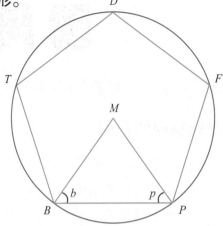

因为正五边形的 1 个内角是 108°，所以，角 b 和角 p 都是 54°。

BP 的长是 5 厘米，画角 b、角 p 为54° 的等腰三角形，得到顶点 M。

以顶点 M 为圆心，MB 为半径画圆。

再以这个为基础，就可以顺利画出正五边形了。

做好星形的装饰，游艺会的舞台也布置完成，现在，整理一下正多边形的性质。

整 理

（1）边长都相等，角度也都相等的多边形，称为正多边形。正三角形或正方形也是正多边形。

（2）正多边形 1 个内角的大小，可以用以下的方法求出。

180° ×（顶点的数目 −2）÷顶点的数目

（3）正多边形可以分成几个大小相同的等腰三角形。

圆周与圆周率

● 圆周是直径的几倍？

先画一个直径为 10 厘米的圆。调查这个圆的圆周和直径的关系。

分别画一个刚好可以容纳这个圆的正方形，以及容纳在这个圆里面的正六边形，再比较这 2 个图形的周围和圆的圆周，作一下推测。

正方形
圆
正六边形

计算一下正方形和正六边形的周长。

正方形的周长：因为圆刚好可以容纳在正方形里面，所以，我们知道这个正方形的边长和圆的直径相等。

10×4（厘米）

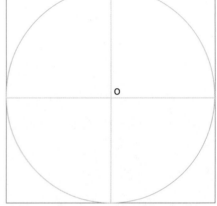

正六边形的周长：因为正六边形刚好可以容纳在圆里面，所以，我们知道这个正六边形每边的长度和圆的半径相等。

5×6=10×3（厘米）

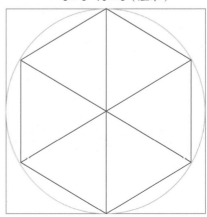

从上图来说，圆的周长虽然比正方形的周长短，不过，却比正六边形的周长长。

由此知道，圆的周长比正方形的周长（10×4）（厘米）短，却比正六边形的周长（10×3）（厘米）长。

换句话说，圆的周长比直径的 4 倍短，但比直径的 3 倍长。

量一量各种圆的直径和周长。

●**周长和直径**

◆**实际量一量直径或圆周。**

①直径的量法（夹住法）

②圆周的量法（滚动法）

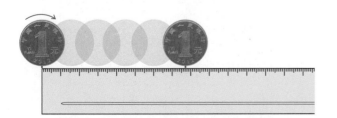

学习重点

①认识圆周和直径的比例（圆周率）。
②利用圆周率求圆的周长。

测量各种大圆的周长和直径，并列成下表。

	周长（厘米）	直径（厘米）	周长 ÷ 直径
茶 桶	22.9	7.3	3.137
唱 片	94.8	30.2	3.139
自行车的车轮	201.1	64.0	3.142

如上表，周长 ÷ 直径，得数各不相同，这是我们的测量和圆的器物不准确的缘故。圆周长和直径的比值是一个常数，这个常数称为圆周率。由理论上可知，圆周率约为 3.14。

周长≈直径 ×3.14

整 理

（1）圆周长和直径的比值是个常数，这个常数称为圆周率。

（2）圆周率约为 3.14。

（3）求圆周长的公式。

圆周长 = 直径 ×3.14

圆 的 面 积

● 圆面积的求法

◆ 推测一下圆面积的求法。

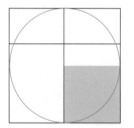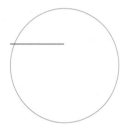

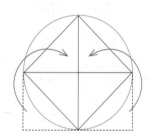

从上图中可以知道，如果以半径当作一边，圆的面积要比正方形的面积的 4 倍小；如果以半径当作一边，又比正方形面积的 2 倍要大。

 "从上图中虽然可以知道圆的大概面积，可是，还有估计圆面积的方法吗？"

 "我觉得应该有。对了，用小方格纸实际画一画就行了。不过，整个圆的面积要用小方格纸的格数算的话，实在太累了。"

查一查

◆ 用小方格纸算一算。

在小方格纸上，画一个半径为 10 厘米的圆。

要数整个圆占的正方形，效率太低了的。如下图，取出 $\frac{1}{4}$ 的圆，然后再乘以 4 倍是一样的。

现在，数一数完整或不完整的正方形数目。

完整的正方形有：69 个；

不完整的正方形有：17 个。

不完整的正方形虽然大小不同，但我们平均暂把 1 个不完整的正方形当作完整正方形的 $\frac{1}{2}$。

整个圆的面积为：

$$\left(1\times69+\frac{1}{2}\times17\right)\times4=310\text{（平方厘米）}$$

1 厘米

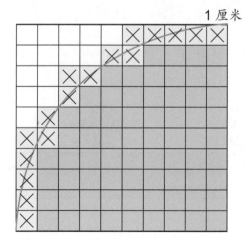

◆**用半径将圆等分的话，会变成什么形状? 再以这个形状为基础看一看。**

可以用 $\frac{1}{4}$ 的圆取代将整个圆等分。具体等分图形如下所示。

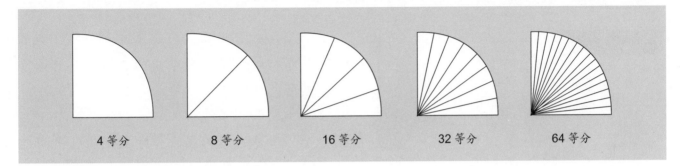

4 等分	8 等分	16 等分	32 等分	64 等分

尽可能细细地等分，等分后的形状很接近等腰三角形。

这么一来，几等分后，就可以排成像下面的形状。

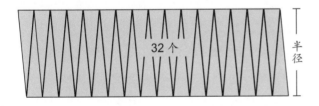

32 个

半径

合并的 2 个三角形一组合就变成了平行四边形。

如上图，合并的 2 个三角形组合并排后，就跟平行四边形一样。如果将看起来像等腰三角形的形状不断细分再组合并排的话，就更接近平行四边形了。

$\frac{1}{4}$ 的圆如此，整个圆也是一样。

※ **如果把整个圆等分**

右图是把圆 64 等分后重新排成的图形。

果然很接近平行四边形。如果再把它细细地等分，就接近长方形了。

圆的面积 $= \frac{1}{2}$ 圆周长 × 半径

因为：圆周长 = 直径 ×3.14= 半径 ×2×3.14

$\frac{1}{2}$ 圆周长 = 半径 ×3.14

所以：圆的面积 = 半径 ×3.14× 半径 = 半径 × 半径 ×3.14

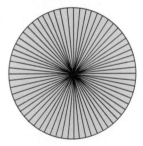

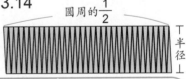

圆周的 $\frac{1}{2}$

半径

整理

圆的面积可以用下面的公式求出：圆的面积 = 半径 × 半径 ×3.14

也就是，圆的面积是以半径为边长的正方形面积的大约 3.14 倍。

巩固与拓展 1

整理

1. 正多边形

正三角形　　　正方形（正四边形）　　　正五边形

正六边形　　　正八边形

和左图正三角形或正方形一样，边长全部相等，等边又等角的多边形叫作正多边形。

● 圆和正多边形

正多边形的顶点位于圆周上，并且把圆周划分成数等份。

如果把圆心和各顶点相连接，可以构成数个相同的等腰三角形。

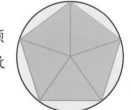

试一试，来做题。

1. 画 1 个半径为 5 厘米的圆，以半径长度为基准，从 A 点开始利用圆规在圆周上画出 B、C……各点。

（1）三角形 DAB 是什么三角形？

（2）角 DAB 是多少度？

（3）把 A、B、C……A 各点顺序连接后所形成的多边形是什么形？

2. 说出下列各题所描述的图形。

（1）把正六边形的 3 个顶点用直线连接起来，这 3 个顶点相互之间都隔着 1 个顶点。连接后的图形是什么形？

（2）把正八边形的 4 个顶点用直线连接起来，这 4 个顶点相互之间都隔着 1 个顶点。连接后的图形是什么形？

2. 正多边形的画法

● 圆心角的大小

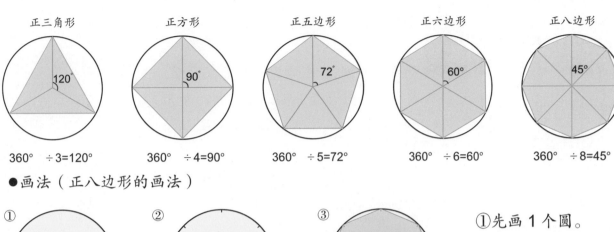

正三角形	正方形	正五边形	正六边形	正八边形
120°	90°	72°	60°	45°
360° ÷3=120°	360° ÷4=90°	360° ÷5=72°	360° ÷6=60°	360° ÷8=45°

● 画法（正八边形的画法）

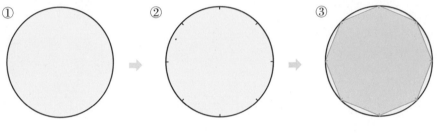

①先画 1 个圆。

②利用圆心角把圆周分为 8 等份。

③把圆周上每 1 等份的点连起来。

---

3. 想一想，如何求正五边形每个角的大小？

（1）三角形 CAB 是哪种三角形？

（2）在三角形 CAB 中，角①和角②相比，哪个角比较大？

（3）角③是多少度？

（4）角①是多少度？

（5）正五边形每个内角是多少度？

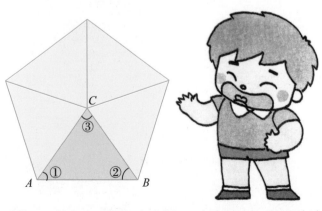

4. 下图是某正多边形的一部分。

（1）BC 的长度是多少厘米？

（2）角 C 多少度？

（3）这个正多边形是正几边形？

答案：1.（1）正三角形；（2）60°；（3）正六边形。2.（1）正三角形；（2）正方形。3.（1）等腰三角形；（2）相等；（3）72°；（4）54°；（5）108°。4.（1）3cm；（2）150°；（3）正十二边形。

解题训练

■ 正八边形的制作
方法

1 按照右图，把正方形纸折成 8 层，从虚线部分剪开并做成正八边形。如果 *CA* 的长度是 6 厘米，*CB* 的长度应是多少厘米？

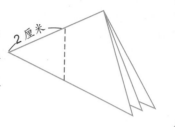

◀ 提示 ▶
把图展开后，看一看 *CA*、*CB*、*AB* 各代表正八边形的哪一个部分？

解法

　　上图展开后即成为右图的形式。尝试在右图中把完整的正八边形画出来，你会更明白。在右图中，*AB* 是正八边形的一条边，*A*、*B* 都是顶点。因为三角形 *CAB* 是等腰三角形，所以 *CA* 与 *CB* 的长度相等。

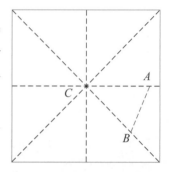

■ 利用正五边形角
的大小来解题

2
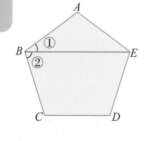
有 1 个正五边形 *ABCDE*。把这个正五边形的顶点 *B* 和顶点 *E* 用直线连接起来，连接后的直线将正五边形分为了三角形与梯形。角①与角②各是多少度？

◀ 提示 ▶
三角形 *ABE* 是等腰三角形。正五边形的每个内角都是 108°。

解法

　　正五边形的每个内角都是 108°。

　　在三角形 *ABE* 中，*AB* 与 *AE* 都是正五边形的一条边，所以 *AB* 与 *AE* 等长，三角形 *ABE* 为等腰三角形。

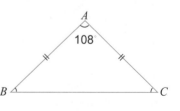

　　因此，右图的角 *B* 和角 *E* 的大小相等。

角①的度数是：（180° −108°）÷2=36°；

角②的度数是：108° −36° =72° 。

　　答：角①为 36°；角②为 72°。

加强练习

1. 把正三角形的各边平分为 6 等份后，可以画成下图。

在这个图案中有各种大小不同的正三角形。算一算，总共有多少个正三角形？

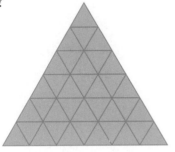

2.

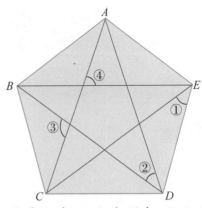

上图是 1 个正五边形与正五边形的对角线。

图中角①、角②、角③、角④各是多少度？

解答和说明

1. 列表统计各种不同大小的正三角形的个数。

每边长几段	1	2	3	4	5	6
朝上 ▲	21	15	10	6	3	1
朝下 ▼	15	6	1			

答：一共有 78 个正三角形。

2. 正五边形每个内角为 108°。由左页的 2 得知角①是 36°，而右图标注记号的各个角大小全部相同。

由右图可以看出角②等于正五边形的 1 个角减去 2 倍的 36°。所以，角②的度数为：

108° −36° ×2=36°

角③等于 180° 减去 2 倍的 36°。所以，角③的度数为：

180° −36° ×2=108°

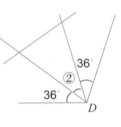

由右图可以看出角④等于 180° 减去 108°。所以，角④的度数为：

180° −108° =72°

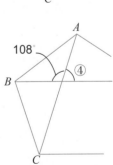

答：角①为 36°；角②为 36°；角③为 108°；角④为 72°。

巩固与拓展 2

整 理

1. 圆的周长

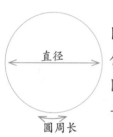

●不管圆的大小如何，圆周长大约为直径的 3.14 倍，这个比值叫作圆周率。圆周率大约是 3.14。圆周长 ÷ 直径 =3.14……

圆周长 = 直径 × 圆周率

●扇形

像左图一般，由圆心 C 点和半径 CA 与 CB 构成的 CAB 叫作扇形，角 ACB 叫作圆心角。

如果知道圆心角的大小是 360° 的几分之几，便可以求得扇形弧线部分的长度。

扇形弧线部分的长度 = 圆周长 × （圆心角 ÷360°）

试试看，来做题。

1. 公园里有 1 个圆形的花钟。花钟的半径是 4 米，花钟的周长是多少米？

2. 有 6 个组合在一起的扇形花圃，每个扇形花圃的圆心角是 60°，圆的半径是 6 米。这整个花圃圆弧部分长多少米？

3. 圆形池塘的半径是 7 米，池塘中央有 1 个半径为 4 米的圆形小岛。

（1）小岛的面积是多少平方米？

（2）小岛以外的池塘面积是多少平方米？

4. 扇形沙场的半径是 9 米，圆心角是 120°，扇形沙场的面积是多少平方米？

5. 跑道的直线部分长 28 米，弧形部分是直径 14 米的半圆。

（1）如果在跑道上跑 1 圈，大约跑了多少米？

（2）这个跑道中央的面积大约是多少平方米？

2. 圆的面积

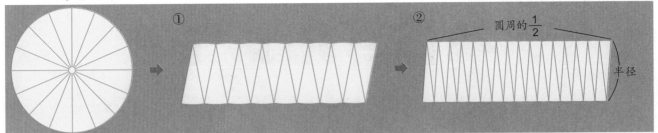

● 把一个圆等分成数个扇形后，排成①图的形状，①图的形状类似平行四边形。如果把这个圆分成更多的等份，就可以排成像②图的形状，②图的形状则更加类似长方形。

● 平行四边形的面积 = 底 × 高 = $\frac{1}{2}$圆周长 × 半径

因为 $\frac{1}{2}$圆周长 = 半径 × 圆周率，所以，

圆的面积 = 半径 × 半径 × 圆周率

扇形的面积 = 圆的面积 ÷（360° ÷ 圆心角）

28m

14m

答案：1. 25.12 米。2. 37.68 米。3.（1）50.24 平方米；（2）103.62 平方米。4. 84.78 平方米。
5.（1）约 100 米（99.96 米）；（2）约 546 平方米（545.86 平方米）。

23

解题训练

求圆的面积

1 右图是由半圆组合而成的池塘。

这个池塘的面积是多少平方米？

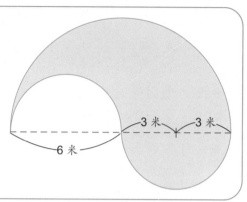

3米　3米

6米

◀ 提示 ▶
比较凹、凸两部分的形状。

解法 把小型半圆部分移动之后，便成为 1 个大型的半圆。也就是说，把左图 A 的半圆移到 B 的部分，就会成为 1 个完整的大型半圆。半圆的面积是圆的面积的一半。列算式为：

$6×6×3.14÷2=56.52$（平方米）

答：池塘的面积是 56.52 平方米。

求圆的周长

2

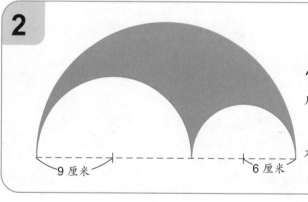

9厘米　6厘米

左图是由 3 个大小不同的半圆组合而成的图形。

这个图形的周长是多少厘米？

◀ 提示 ▶
任何弧线都是圆周的一部分。

解法

求出大、中、小 3 个半圆的圆周长的和。

A 的周长为：$6×2×3.14÷2=18.84$（厘米）

B 的周长为：$9×2×3.14÷2=28.26$（厘米）

C 的周长为：$(9+6)×2×3.14÷2=47.1$（厘米）

图形的周长为：$18.84+28.26+47.1=94.2$（厘米）

答：图形的周长为 94.2 厘米。

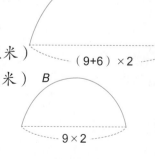

A

6×2

C

（9+6）×2

B

9×2

■ 求扇形的弧长

3

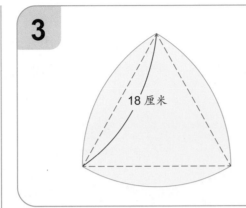

左图是以边长为 18 厘米的正三角形的各顶点为圆心，画出的半径为 18 厘米的扇形。

这个图形的周长是多少厘米?

◀ 提示 ▶

正三角形各个内角都是 60°。扇形的圆心角也是 60°。

解法 扇形弧长的 3 倍也就是这个图形的周长。

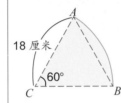

正三角形各个内角都是 60°，左图扇形 *ACB* 的圆心角是 60°。60° 是 360° 的 $\frac{1}{6}$。

扇形的弧长为：18×2×3.14÷6=18.84（厘米）

图形的周长为：18.84×3=56.52（厘米）

答：图形的周长为 56.52 厘米。

■ 求圆以外的剩余面积

4

在①、②两个图中，哪一个着色部分的面积比较大?（正方形的边长是 8 厘米）

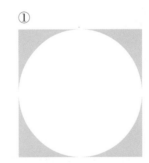
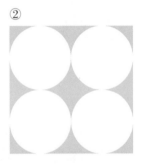

◀ 提示 ▶

用正方形的面积减去圆的面积。

解法 把①、②图中的正方形面积减去各图中圆的面积，便可求得着色部分的面积。

①图中圆的直径是 8 厘米，所以圆的半径是 4 厘米。

圆的面积为：4×4×3.14=50.24（平方厘米）

着色部分的面积为：8×8−50.24=13.76（平方厘米）

②图中每个圆的半径是 2 厘米。

一个小圆的面积为：2×2×3.14=12.56（平方厘米）

着色部分的面积为：8×8−12.56×4=13.76（平方厘米）

答：着色部分的面积一样大。

加强练习

1.

如果把 7 个同样大小的罐子像上图一样用绳子捆在一起，需要多少厘米的绳子？罐子的直径是 15 厘米，绳子总共捆绑了 3 圈，打结的地方用了 14 厘米绳子。得数如果有小数，把小数四舍五入。

2. 正方形小屋的边长为 3 米，在小屋的屋角用长 6 米的绳子系住了 1 只小狗。这只小狗可以活动的范围是多少平方米？

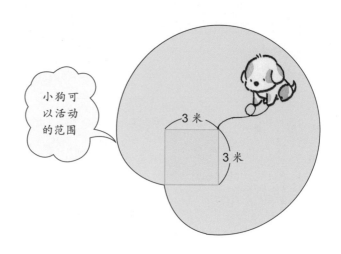

小狗可以活动的范围

3 米

3 米

解答和说明

1. 从正上方往下看，罐子的排列方式如下图。

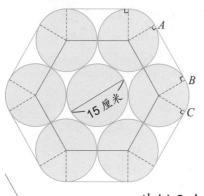

AB 部分的绳子为直线，BC 部分是圆周的一部分，其他部位的情况也相同，把外侧 6 个圆的圆心互相连接后，会成为 1 个正六边形，正六边形的每个角是 120°，所以扇形 BDC 的圆心角为

60°。类似的扇形共有 6 个，因此弧长的总和与直径 15 厘米的周长相等，而直线 AB 的长度则和圆的直径等长，也就是 15 厘米。列算式如下：

（15×3.14+15×6）×3+14=425.3（厘米）

答：需要约 425 厘米的绳子。

2.

A 和 C 都是半径为 3 米、圆心角为 90° 的扇形。B 是半径为 6 米、圆心角为 270° 的扇形。

A、B、C 的面积总和就是小狗可以活动的范围。列算式如下：

3×3×3.14÷4×2+6×6×3.14÷4×3=98.91（平方米）

答：小狗活动的范围约为 99 平方米。

3. 下面两个图都是正方形与半圆的组合，正方形的边长都是 6 厘米，半圆的直径等于正方形的边长。

蓝色部分的面积各是多少平方厘米？

① ②

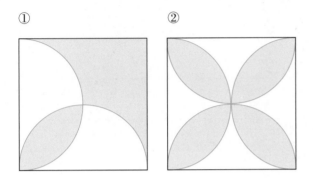

3. ① 由下图可以看出蓝色部分的面积是正方形面积的 $\frac{1}{2}$。列算式为：

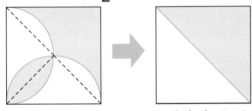

$6 \times 6 \div 2 = 18$

答：蓝色部分的面积为 18 平方厘米。

② 把 A 和 B 相结合，把 C 和 D 相结合，都会成为圆形。

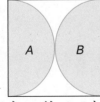
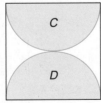

蓝色部分的面积是 2 圆的重叠部分。所以，把 2 圆的面积相加后再减去正方形的面积，便可求得蓝色部分的面积。列算式为：

$3 \times 3 \times 3.14 \times 2 - 6 \times 6 = 20.52$（平方厘米）

答：蓝色部分的面积为 20.52 平方厘米。

应用问题

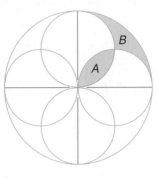

1. 大圆的半径是 10 厘米。看图回答下列问题。

（1）大圆的面积是每个小圆面积的几倍？

（2）A、B 部分的面积各是多少平方厘米？

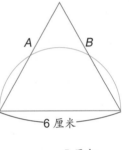

2. 右图是边长为 6 厘米的正三角形与直径为 6 厘米的半圆组合而成的图形。AB 的弧长是多少厘米？

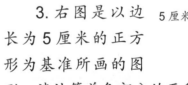

3. 右图是以边长为 5 厘米的正方形为基准所画的图形。请计算着色部分的面积。

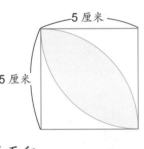

4 请看右图并计算下列问题。

（1）求半圆 A 和半圆 B 的面积总和。

（2）求直角三角形的面积。

（3）求橙色部分的面积。

答案：1.（1）4 倍；（2）A 部分面积为 14.25 平方厘米；B 部分面积为 14.25 平方厘米。2.3.14 厘米。3.14.25 平方厘米。4.（1）39.25 平方厘米；（2）24 平方厘米；（3）24 平方厘米。

图形的智慧之源

用瓷砖玩游戏

浴室的地板或墙上，常会铺有瓷砖，而且，多半是铺满一种形状的瓷砖。

不过，在正多边形中，只用一种形状而又能毫无空隙铺满的，只有右图中的3种：正三角形、正方形、正六边形。

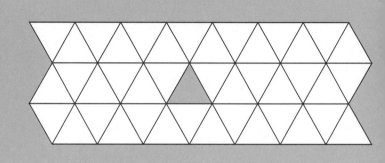

很多瓷砖都是正八边形，通常要和正方形配合使用。

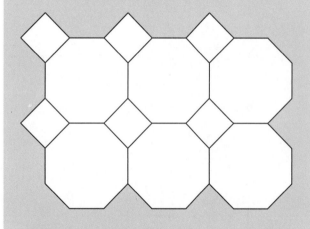

问题：如果用下图的直角三角形或梯形瓷砖，会排出什么样的形状？要怎么排，才能没有空隙地铺满？

答案在下一页最后面的地方。

以基本的形状为基础，做各种瓷砖看一看。

● 长方形

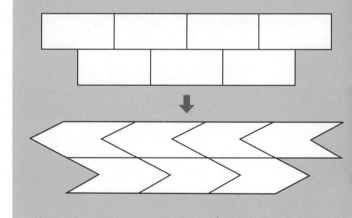

现在，试一试集合某种图形的若干个，排成和原来形状一样、大小却不同的图形。

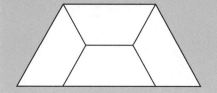

● 正方形　　　　● 正三角形　把正三角形变形做成瓷砖。想一想多出的部分是如何缩进去的。

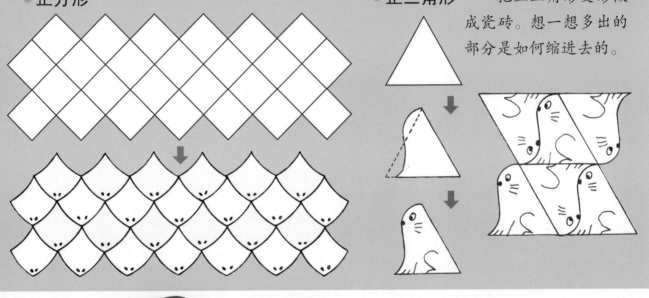

答案：直角三角形和梯形的瓷砖，是否能够刚好铺满呢？这里举一个组合的例子。

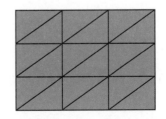

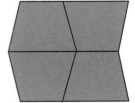

全等的图形

◉ 相同的形状

童话世界的国王为小朋友建造了各种游泳池。仔细看的话，里头有相同形状的游泳池。请你找一找。

低年级时曾经学过"相同形状"对不对？现在，一边回想，一边把相同形状的游泳池找出来。

◆**看一看儿童游泳池的形状再作分类。**

可以分成三角形、四边形还有圆形。

这些图形可以分成三角形、四边形和圆形3组。

三角形有：A、B、H、I、J、N；

四边形有：D、E、F、G、K、L、M；

圆形有：C、O。

接着，再仔细看一看四边形。

有D、E、F、G、K、L、M七个四边形，形状全部相同吗？再好好想一想。

对了，四边形都有4条边，这点是相同的，不过，根据边长或4个角的大小，能不能把它们分成2组呢？

4个角是直角的，有D、E、G、K、M。

其中，也有4个边相等的哦。

学习重点

①全等的图形。

②对应点、角、边。

③各种三角形的画法。

※ 可以分成4个角都是直角的长方形和4个角是直角、4条边相等的正方形2组。

长方形组

小矮人把它们分成了这样的2组。

正方形组

这样，就可以分成4个角都是直角的长方形和4个角是直角、4条边相等的正方形2组。

这种分法在低年级的时候就学过了。

接着，和四边形一样，对三角形也再详细分类。

正三角形组

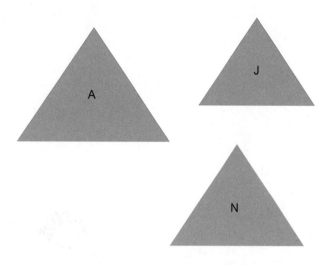

正三角形都是相同的形状，这个在之前就学过了。

前面，将四边形分成了长方形组和正方形组。

至于三角形，则可分出正三角形组。

上图中，是否有形状相同，而且大小一样的图形？

大概可以看出来大小是否相同，可是……

那就重叠看一看。如果刚好完全重叠，就表示形状和大小一样。明白了吗？

◆ **把上图的正三角形 A 画在纸上，然后跟 J、N 重叠比较看一看。**

刚好完全重叠合在一起的图形称为全等。全等的图形，它们的形状和大小都是一样的。

以后，"形状和大小都一样的图形"就称为全等图形。

◆ **下面的三角形是否全等？**

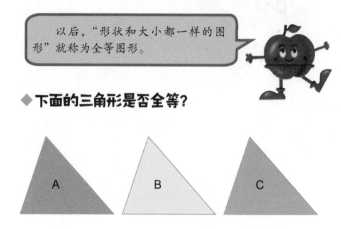

把 B 往左挪的话，可以跟 A 重叠。

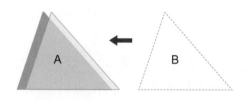

所以，B 跟 A 全等。C 怎么样呢？

C 不能跟 A 重叠。但翻转过来，再平移过去的话，C 就跟 A 重叠了。

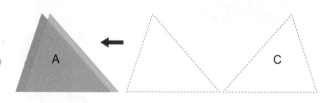

C 跟 A 全等。

※ 所以，除了挪动后完全重叠的图形，翻过来能够完全重叠的图形，也称为全等图形。

◆ **从周围的物体中寻找全等的图形。**

由正方形日光灯组合而成的天花板。

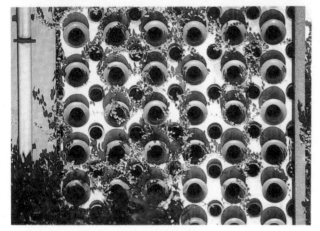

由大圆和小圆组合的墙。

由菱形组合的网状门栅。

建筑物或墙壁上可以看到各种全等的图形。

◉ **全等图形的性质**

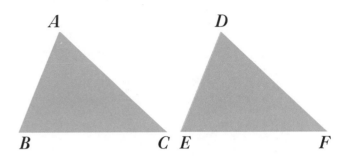

2 个三角形全等。

◆ **刚好重叠的点、角、边，分别是哪个跟哪个？**

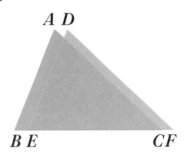

如上图这样重叠的话，很容易就看出重叠的点、角、边了。现在，再看下面的图形。

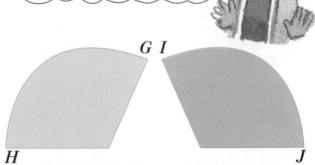

圆弧 *GH* 和 *IJ* 刚好重叠。

> 全等的图形，刚好重叠的点、角、边、线，分别称为对应点、对应角、对应边、对应线。
>
> 对应角度数相等，对应边或对应线长度相等。

◆ 平行四边形被对角线划分，可以分成 2 个三角形。

上面的 2 个三角形是否全等？

如图，挪动后不能重叠。

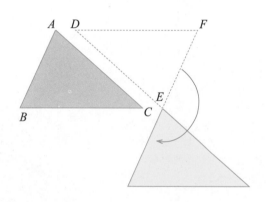

可是像上图那样转过来就可以重叠了。

※ 平行四边形被对角线所划分的 2 个三角形全等。

例 题

分别指出上图中，2 个全等三角形的对应点、对应边、对应角。

综合测验答案：对应点：A-E、B-F、C-D
对应边：AB-EF、BC-FD、CA-DE
对应角：角 A- 角 E、角 B- 角 F、角 C- 角 D

● 全等三角形的画法

要怎么画和下面三角形全等的三角形？

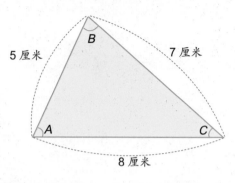

◆ 利用以前学过的正多边形画法画一画。

①画 8 厘米的线段，用量角器量角 A 的大小并且画出来。

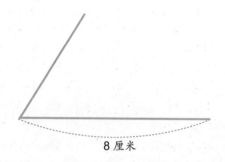

②取 5 厘米长的点，用线段连起来。

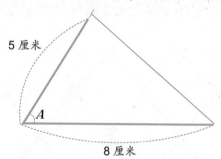

这样就可以画出全等的三角形了。这里利用的是 2 条边长及其夹角。这种方法可以简称为"边角边"。

除此之外，还有没有更简单的方法可以画出全等的三角形呢？

◆ **量一条边长和两端角的大小再画一画。**

①画 8 厘米的线段，用量角器量角 A，并画出来。

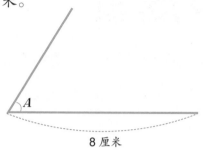

8 厘米

②再量另一边的角 C，并画出来。

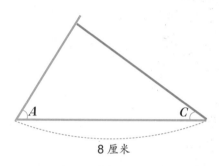

8 厘米

这种方法可以简称为"角边角"。

接着，再使用圆规画一画。

◆ **量了边长再画。**

①画 8 厘米的线段，以 A 为圆心画半径 5 厘米的圆，再以 C 为圆心作半径 7 厘米的圆，把相交点连起来。

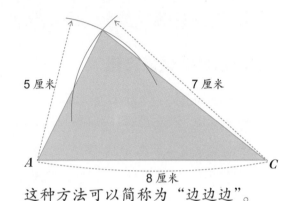

5 厘米　　　　　　7 厘米

A　　8 厘米　　C

这种方法可以简称为"边边边"。

查一查

只画 3 个角的大小，能够画出全等的图形吗？

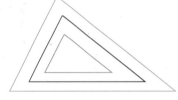

上图中的三角形，是 3 个角分别相等的三角形。由图中可以知道，只量 3 个角，不一定可以画出全等的三角形。

整　理

（1）通过挪动、翻过来或转过来，2 个图形刚好完全重叠，而且形状和大小一样，这样的图形被称为全等。

（2）2 个全等的图形，刚好重叠的点、角、边、线，分别称为对应点、对应角、对应边、对应线。

对应角相等，对应边或对应线相等。

（3）全等三角形的画法。

①量 2 条边长及其夹角。

②量 1 条边长和它两端的角度。

③量 3 条边长。

各种图形的全等

● 全等图形的调查方法

国王派将军去买与三角形彩纸完全重合的三角形板，但国王把彩纸当作宝物，不准带出城外，将军为这件事颇伤脑筋。刚好，汤姆和小莉来玩，于是，他们共同出点子教将军该怎么做。

彩纸是很重要的东西，不可以带到店里去。那要怎样才能买到形状刚好相同的三角形板呢？

要怎么办呢？

想一想图形全等的方法。

将军就去量 3 个角的大小。

80°
30°   70°

◆ 汤姆和小莉的想法

两个人也想过将图形画在纸上的做法，不过，还不如量出边长或角的大小，再去对比与各种三角形板是否能完全重合，这样不就可以了吗？他们就这样教将军。

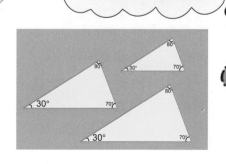

不知道哪一种形状跟彩纸全等。

前面学过，即使知道3个角的大小，也无法画出全等的三角形。

只要量出2条边长及其夹角，就可以找到全等的三角形板了。

于是，将军量好2条边长及其夹角，就去店里了。

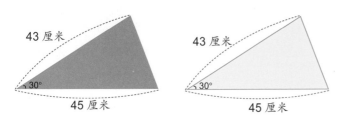

43厘米 30° 45厘米

43厘米 30° 45厘米

最后，将军终于买到了跟城堡里的三角形彩纸全等的三角形板。

例　题

我们已经利用了2条边及其夹角的方法确定全等，除此以外，还有别的方法吗？如果有，请把方法写出来。可以参考前面所说的那三种方法哦。

不止一个方法，用其他的方法也可以确定吗？

学习重点

无法重叠时，确定各种图形是否全等的简单方法。

◉ 其他图形的全等

想一想其他的图形利用边长或角度，确定是否全等的方法。

● 正三角形

发现三角形全等方法的汤姆和小莉，这次要用同样的方法，确定正三角形的全等。

◆ 汤姆和小莉的想法

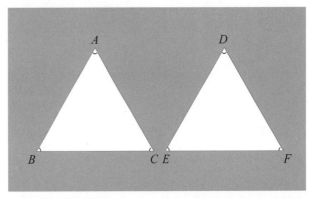

上图的2个三角形是全等的正三角形，每个内角都是60°。所以，如果 BC 的长和 EF 的长相等的话，就可以知道它们是全等的。这是因为正三角形每边的长相等。这点一定要好好记住。

2个正三角形，1条边长相等，这2个三角形就全等。

39

●圆

圆没有边或角。汤姆和小莉想了好久才想到，只要量圆的周长再作比较，就知道它们是否全等。

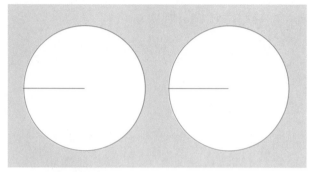

圆的大小由半径来决定，半径相等的圆会重叠。

2个圆的周长相等，也就是2个圆的半径相等。

2个圆的半径相等，就可以说这2个圆全等。

●正方形

接着，想一想确定2个正方形是否全等的方法。这位将军马上就想到了正三角形。

将军是这样想的：只要比较1条边长，就可以知道是否全等了。还有没有其他的办法？

◆汤姆和小莉的想法

将军的想法的确没错，不过，除此之外，就没有更简单的方法吗？

最简单的方法，就是比较1条边长，不过，我们想在正方形上画对角线，可以分成2个全等的直角等腰三角形，利用这个方法也可以知道啊。

查一查

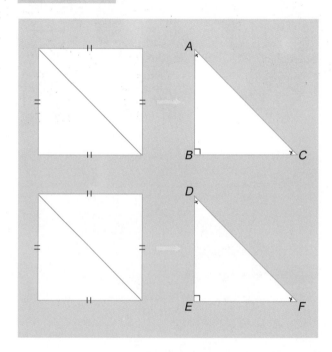

调查右边所取出来的2个直角等腰三角形是否全等。

因为角A、角C、角D、角F都是$45°$，所以，只要AC和DF的长度相等，2个三角形就全等。因为这2个等腰直角三角形合起来就是左边的正方形，所以，2个正方形只要对角线的长度相等就全等。

2个正方形，只要1条边长相等，或者对角线的长相等，就可以说这2个正方形全等。

●长方形

想一想确定2个长方形是否全等的简单方法。

将军想利用汤姆和小莉在确定正方形的全等时用过的方法，比较对角线的长看一看。

即使对角线的长相等，也不能说2个长方形全等。将军的想法不对。

◆汤姆和小莉的想法

长方形与正方形不一样，不能只量对角线的长度，而是要比较长、宽是否相同，这才是确定长方形全等的方法。

> 2个长方形，它们的长、宽分别相等的话，就可以说这2个长方形全等。

●菱形

想一想确定菱形全等的方法。

利用对角线的长就可以确定正方形是否全等。

于是，将军就想到了下面的方法。

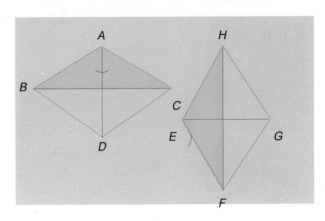

菱形中，由对角线所分成的2个等腰三角形为全等，所以，只要比较其中1个等腰三角形就可以了。用图做说明的话，只要比较 AB 的长和 EH 的长，以及角 A 和角 E 就可以知道它们是否全等。

◆汤姆和小莉的想法

比起使用等腰三角形全等的方法，还有更简单的方法。就是比较2条对应的对角线的长度。

> 2个菱形中，如果它们2条对角线的长度分别相等，这2个菱形就全等。

巩固与拓展

整 理

1. 全等的图形

（1）2个形状和大小都一样，可以完全重合的图形叫作全等的图形。

（2）在2个全等的图形中：

完全重合的点叫作对应点；
完全重合的角叫作对应角；
完全重合的边或线叫作对应边或对应线；
对应角的大小相同，对应边或对应线的长度也都相等。

试一试，来做题。

1. 量一量下面各个三角形角的大小或边的长度，找出全等的三角形并把编号写出来。

2. 各种图形的全等情形

●确定2个三角形是否全等的简便方法。

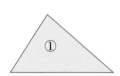

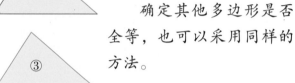

①3条边长相等。

②2条边长及其夹角相等。

③2个角相等，2角之间的边长相等。

确定其他多边形是否全等，也可以采用同样的方法。

3. 多边形的内角和

三角形的内角和是180°。

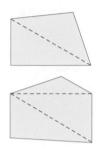

四边形的内角和为：
180°×2=360°

五边形的内角和为：
180°×3=540°

多边形的内角和为：
180°×（边数−2）。

---

2. 下面的瓷砖是由全等的三角形排列而成的。

（1）边FD的长度是多少厘米？边CD的长度是多少厘米？

（2）角BDF是多少度？角BDF是多少度？

3. 下列的图都是由2个三角板组合而成的。角A与角B各是多少度？

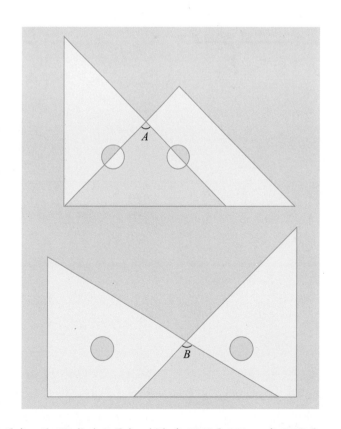

答案：1.①、③、⑤、⑥、⑧均全等。2.（1）边FD长为6.4厘米，边CD长为9厘米；（2）角BDF是80°，角DBF是44°。3.角A是90°，角B是105°。

解题训练

■ 画出全等的三角形

1 画出和下列三角形全等的三角形。

（1）

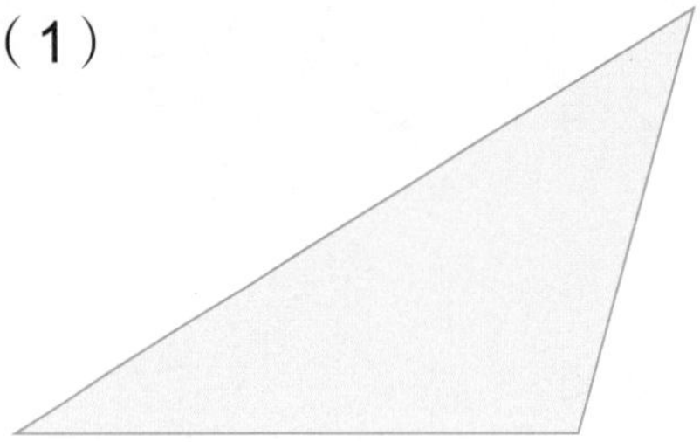

（2）

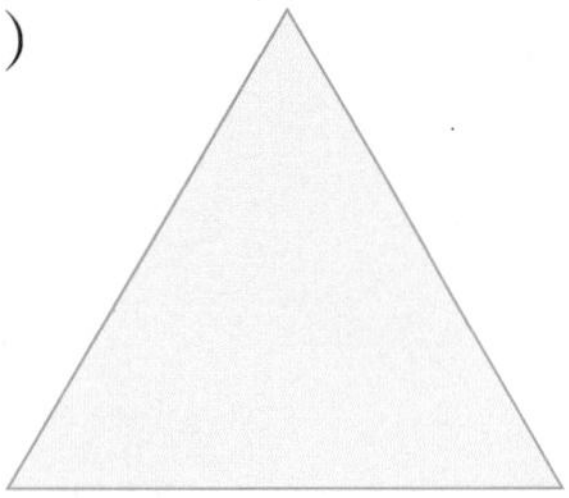

◀ 提示 ▶

有各种不同的画法。这里将介绍3种简单的方法。

（2）图为正三角形，只要量出1条边的长度便可画出全等的三角形。

解法 定出边长或角的大小，例如：①3边的长度；②2边的长度及其夹角的大小；③2个角的大小与2角之间的边长。利用上面任何一种方法都可以画出全等的三角形。

（1）画法① 画法② 画法③

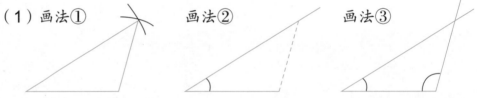

（2）正三角形可由1条边的长度做来确定，所以，最简便的方法是定出1边的长度，再利用三角板与圆规画出全等的三角形。

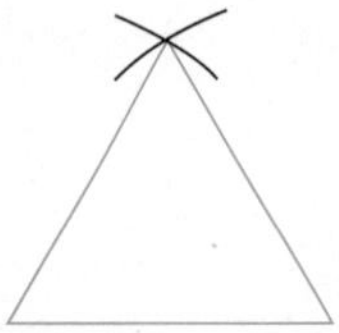

■ 画出全等的四边形

2 画出和下列四边形全等的四边形。

（1）

（2）

◀ 提示 ▶

四边形可以分成2个三角形。

解法 四边形可由1条对角线分成2个三角形。也就是说，若要画全等的四边形，只要把四边形分为2个三角形，再分别画1个全等的三角形即可。

（1）

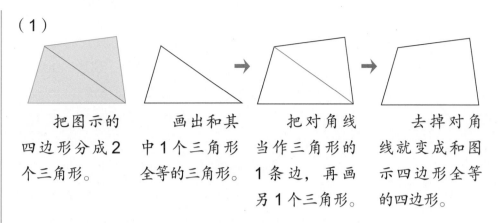

把图示的四边形分成2个三角形。　画出和其中1个三角形全等的三角形。　把对角线当作三角形的1条边，再画另1个三角形。　去掉对角线就变成和图示四边形全等的四边形。

（2）图示的四边形为平行四边形，所以用对角线可以分成2个全等的三角形。只要量其中1个三角形的边长或角的大小就可以。

■ 画出全等的圆形或扇形

3 画出和下列图形全等的图形。

（1）　　　　　　　　　　（2）

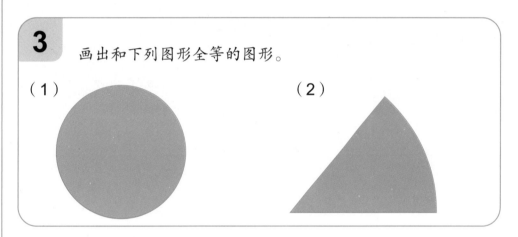

◀ 提示 ▶
只要确定直径或半径便可画出圆形。扇形是圆形的一部分。

解法 如果确定图（1）中圆的直径或半径，便可画出全等的圆形。图（2）中的扇形是圆形的一部分，只要确定半径和圆心角便可画出全等的扇形。

（1）确定半径或直径的长度，利用圆规画出圆形。

（2）先确定半径的长度和圆心角的角度，然后画出圆形，再用2条半径取扇形。

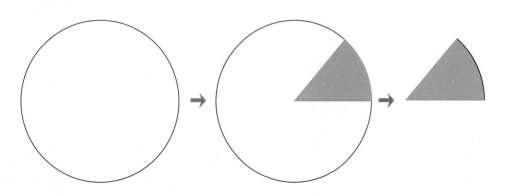

■ 可以画出全等图形的图形（确定图形的条件）

4 在下列 6 种图形中，哪几个永远可以画出全等的图形？

（1）3 个角分别是 30°、60°、90° 的三角形。

（2）边长 5 为厘米的正方形。

（3）4 条边长分别是 5 厘米、7 厘米、6 厘米、8 厘米的四边形。

（4）边长为 5 厘米的菱形。

（5）底为 6 厘米、高为 4 厘米的平行四边形。

（6）边长为 4 厘米的正六边形。

◀ 提示 ▶

四边形或六边形等多边形都是由三角形构成的。

解法 试一试，利用上面所给的边长或角度是不是永远可以画出一定大小或一定形状的图形？

（1）

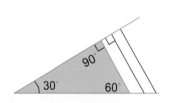

可以画出大小不同的三角形。

（2）正方形的 4 个角永远都是 90°。

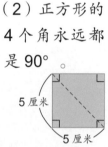

由对角线划分的三角形形状是一定的。

（3）

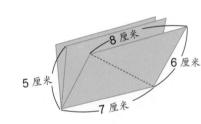

（4）

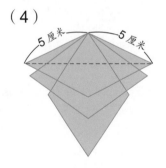

由对角线划分的三角形的形状不确定。

（5）

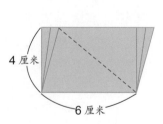

由对角线划分的三角形的形状不确定。

（6）

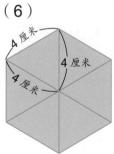

由 6 个正三角形排列而成的图形为正六边形。

答：永远可以画出全等图形的是（2）和（6）。

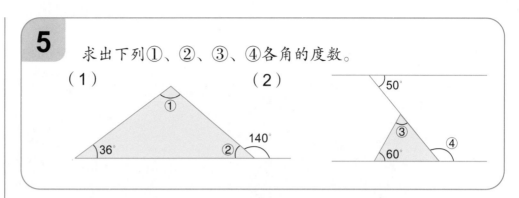

5 求出下列①、②、③、④各角的度数。

（1） （2）

■ 利用三角形内角和等于180°来解题

◀ 提示 ▶
三角形的内角和是180°。

解法 利用三角形的内角和等于180°来计算各角的度数。

（1）首先求出角②的度数。列算式为：

180° −140° =40°，所以，角②是40°。

三角形的内角和等于180°，列算式如下：

180° −（36° +40°）=104°，角①等于104°。

（2）首先求出角④的度数。列算式为：

180° −50° =130°，所以角④是130°。

接着求角③的度数。列算式为：

180° −（60° +50°）=70°，角③等于70°。

答：（1）角①为104°；角②为40°。（2）角③为70°；角④为130°。

■ 找出全等的三角形并求出角度的大小

6

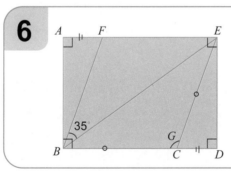

在左图中，AF 和 CD 等长，BC 和 CE 等长。

（1）图中共有几组全等的三角形？

（2）角 G 是多少度？

◀ 提示 ▶
长方形的两条长边等长，两条宽也等长。

解法

（1）AB=DE、AF=CD、角 A= 角 D，所以三角形 ABF 和三角形 DEC 全等。同样地，因为 BC=EF=CE=FB，所以三角形 FBE 和三角形 CEB 全等。三角形 ABE 也和三角形 DEB 全等。

（2）三角形 CEB 是等腰三角形，而且三角形 CEB 和三角形 FBE 全等，所以角 EBC= 角 BEC=35°，列算式如下：

180° −35° ×2=110°

角 G=110°

答：（1）有 3 组全等的三角形。（2）角 G 等于 110°。

加强练习

1. 求下列角①、角②、角③的度数。

（1）

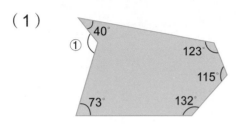

（2）

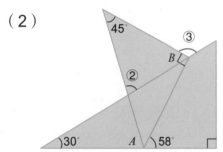

2. 下图是长为 10 厘米、宽为 6 厘米的长方形 ABCE 沿 EF 折后的形状。

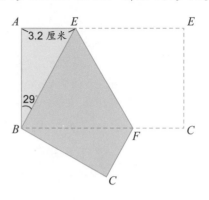

（1）角 BEF 是多少度？

（2）BF 的长度是多少厘米？

（3）三角形 EBF 的面积是多少平方厘米？

解答和说明

1.（1）图（1）为六边形。六边形可以分成 4 个三角形，其内角和是：

180°×4=720°。

720°−（40°+123°+115°+132°+73°）=237°

因此，角①=360°−237°=123°。

（2）角 A 的度数为：180°−（45°+58°）=77°

角②的度数为：180°−（30°+77°）=73°

角 B 的度数为：180°−（45°+73°）=62°

角③的度数为：180°−62°=118°

答：角①为 123°；角②为 73°；角③为 118°。

2.（1）角 BEA 的度数是 180°−（90°+29°）=61°，所以，角 BEF 的度数是（180°−61°）÷2=59.5°。

（2）三角形 ABE 和三角形 CBF 全等。因此 BE 和 BF 等长。BE 的长是：10−3.2=6.8（厘米）。

（3）三角形 EBF 的高和四边形 ABCD 的 AB 等长。底 BF 的长是 6.8 厘米。

6.8×6÷2=20.4（平方厘米）

答：（1）角 BEF 为 59.5°；（2）BF 的长度为 6.8 厘米；（3）三角形 EBF 的面积是 20.4 平方厘米。

3.（1）把四边形 ABIH 的顶点 I 当作中心并仔细和其他四边形比对，就可以看出各个相对应的点。

3. 正方形纸的边长是 10 厘米，按照下图的方式划分成 4 个全等的四边形。

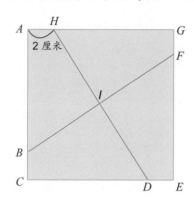

把这 4 个四边形排成下图的形状。

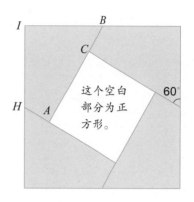

（1）和四边形 ABIH 的 B 点相对应的点是哪些？

（2）角 HIB 是多少度？

（3）空白部分的正方形边长是多少厘米？

（4）上图中角 IHA 是多少度？

（2）4 个四边形全部全等，对应角均集中于 I 点，所以每 1 个角的大小是 360°÷4=90°。

角 HIB 的度数是 90°

（3）AC 的长度等于 AB 的长度减去 CB 的长度。AB 的长度为：10−2=8（厘米），CB 的长度为 2 厘米。所以，AC 的长度为：8−2=6（厘米），空白部分正方形的边长也就是 6 厘米。

（4）在四边形 ABIH 中，角 HAB 和角 BIH 都是 90°。因为四边形的内角和是 360°，所以，角 IHA 的度数为：

360°−（90°×2+60°）=120°

答：（1）B 点对应的点有 H 点、F 点、D 点；（2）角 HIB 是 90°；（3）正方形边长为 6 厘米；（4）角 IHA 为 120°。

应用问题

1.

如图所示，已知角①为 93°，角②为 128°，角③为 100°，角④为 82°，求角 A、角 B、角 C、角 D、角 E 的度数。

答案：角 A 为 34°；角 B 为 41°；角 C 为 48°；角 D 为 18°；角 E 为 39°。

比值·5

比值

每一单位量的比较方法

◎ 比较两个数量的大小

隔着池塘有东、西两座公园，东公园的面积是 350 平方米，西公园的面积是 270 平方米。东公园种了 630 棵树，西公园种了 540 棵树。

按照面积的大小来做比较，哪座公园种的树比较多？

西公园

东公园

你说"按照面积的大小比较哪座公园种的树比较多"是什么意思呢？

用生活中的语言就是说：要比一比哪个公园的树比较密。

把题目中的条件整理如下表。

	梅花树（棵）	面积（平方米）
东公园	630	350
西公园	540	270

这个题目应该怎样想呢?

东公园

西公园

如果两边公园的面积一样的话就比较简单,可是……

想一想

梅花树的棵数		公园的面积		每1平方米的棵数
东公园 630	÷	350	=	1.8
西公园 540	÷	270	=	2

因为梅花树的数量和公园的面积都不一样,所以只要想一想每1平方米有几棵树就行了。

从上面的计算可以知道,东公园每1平方米有1.8棵树,西公园每1平方米有2棵树。当然西公园的树比较密。

◆ 如果改问每棵梅花树占多少的面积,应该怎样求呢?

假如图中每棵表示100棵

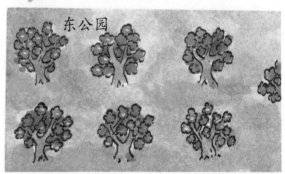

东公园

每棵的占地面积

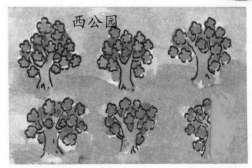

西公园

每棵的占地面积

刚才我们用树的棵数除以公园的面积。

现在我们要求每棵树的占地面积，用公园的面积除以树的棵树应该可以算得出来。

	公园的面积	梅花树的棵数	每棵梅花树的占地面积
东公园	350 ÷	630 =	0.555…
西公园	270 ÷	540 =	0.5

每棵梅花树的占地面积，西公园的要比东公园的小。换句话说，西公园的梅花树比较密集。

由此可知，从面积的大小比较树木密集的程度时，有下列两种方法：

①以单位面积为基准，比较树木的棵数。
②用每棵树的占地面积做比较。

注意，这两个结果其实是互为倒数的。我们可以看题目的状况，选择其中一种方法做比较。如果不用"每平方米的棵数"或"每棵的占地面积"做比较的话，也可以试一试用"每10平方米的棵数"或"每10棵的占地面积"来做比较。

● 求人口密度的方法

下表是某个大都市附近3个城镇的面积和人口，让我们看一看各个城镇每1平方千米的人口有多少。

	面积（平方千米）	人口（千）
甲镇	9000	1505
乙镇	15094	1405
丙镇	11432	1247

这次的面积更大，人口的数字也更多了，我们是不是能够用上一题的方式，来计算这一题呢？

面积都不一样，所以用每1平方千米的人口做比较，或计算每人的占地面积，用所算出的面积来做比较也可以。

把棵数换成人口做比较就好多了。

用每人的占地面积做比较也很不错。

◆ 让我们用前面的方式来解题吧。

甲镇、乙镇、丙镇每平方千米的人口如下：

甲镇	1505000÷9000=167.2
乙镇	1405000÷15094=93.0
丙镇	1247000÷11432=109.0

人口÷面积=每平方千米的人口

同样大小的面积到底有多少人呢？

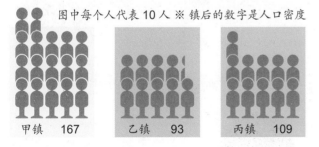

图中每个人代表10人 ※镇后的数字是人口密度

甲镇 167　　乙镇 93　　丙镇 109

每1平方千米的人口我们叫作"人口密度"。

本题中甲镇每平方千米的人口最多，人口密度最高。乙镇每1平方千米的人口最少，人口密度最低。

像北京、上海、广州、深圳等大都市，人口密度就更高了。

例 题

①甲田的面积是 14 平方米，种了 224 棵花苗，乙田的面积为 18 平方米，种了 270 棵花苗，哪块田的花苗比较密呢？

②某城市的面积是 290 平方千米，人口 176407 人。请问这个城市每平方千米的人口密度多少？算到整数就可以了。

※ 把题目再整理一次

（1）面积与人口、个数与总质量等，比较两种数量时，要用同样的每单位数量做比较。

（2）人口密度就是每平方千米的人口数量。

动脑时间

33 转唱片和 78 转唱片

　　小朋友，你知道唱片分为 78 转和 33 转吗？

　　33 转唱片（又叫 LP 唱片）每分钟旋转 $33\frac{1}{3}$ 次，使原音重现。

　　78 转唱片（又叫 SP 唱片）每分钟旋转 78 次。这两种不同的唱片数字，都是表示它每分钟旋转的单位量（旋转次数）。

例题答案：①比较两块田每平方米各种多少棵花苗。甲田是：224÷14=16（棵）；乙田是：270÷18=15（棵），所以甲田比较密。 ②608 人。

速度

◉ 速度的比较方法

各位同学是不是常常会谈到这样的问题呢？"飞机飞得好快哦，可是会比火箭快吗？"或"光最快了，因为光每秒可以绕地球七圈半呢"！

好吧，就让我们来看一看，应该用什么方式来表示速度呢？

下表是小芬和其他同学走到图书馆的时间与距离。比一比，谁的速度最快。

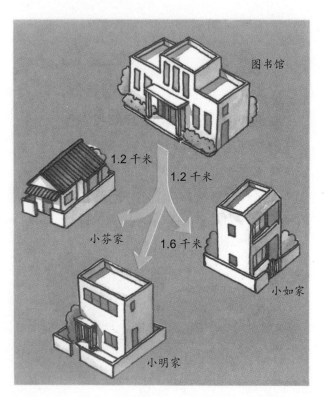

从家到图书馆的时间与距离

	时间（分）	距离（千米）
小 芬	20	1.2
小 明	20	1.6
小 如	14	1.2

"从上表可以看出，小芬和小如所走的距离一样哦！"

"小芬和小明所走的时间一样，但距离却不相同哦！"

◆我们先比较小芬与小明的速度吧！

	时间（分）	距离（千米）
小 芬	20	1.2
小 明	20	1.6

1. 步行的时间相同时，走得距离越长的人速度越快。

◆接着比较小芬与小如的速度。

	时间（分）	距离（千米）
小 芬	20	1.2
小 如	14	1.2

2. 步行的距离相同时，所用时间越少的人速度越快。

速度的两种比较方法。

●表示速度

从上面的分析，我们可以知道，只要知道时间或距离中的任何一项，就能很容易地做比较。本题中走路最慢的是小芬。

◆小明与小如又有什么地方相同呢？

	时间（分）	距离（千米）
小 明	20	1.6
小 如	14	1.2

3. 小明和小如步行的时间、距离都完全不相同。

在这种情况下，应该怎样做比较呢？

"应用我们前面计算过的方式来比较。只要使步行的时间相同，就可以比较小明与小如的速度了。"

想一想

第 3 个题目应该从每分钟大概走多远来做比较。

小明每分钟走的距离为：

1.6÷20=0.08（千米）

小如分钟走的距离为：

1.2÷14=0.085...

可以看出小如的速度比较快。

	时间（分）	距离（千米）
小 明	1	0.08
小 如	1	0.09

◆ 接下来我们再看一看每千米大概花了几分钟。

"只要使步行的距离相同，就可以做比较了。"

4. 我们计算小明与小如每千米走了几分钟。

小明每千米走的时间为：

20÷1.6=12.5（分）

小如每千米走的时间为：

14÷1.2=11.66…（分）

	时间（分）	距离（千米）
小　明	12.5	1
小　如	11.7	1

上述两种结果表示，都是小如走得比较快。

※三个人的速度从快到慢的顺序是：小如、小明、小芬。

◆应该用什么方式表示速度呢？

有以下两种表示方式：

用距离表示：每分钟走了几千米。

用时间表示：每千米花了几分钟。

"每分钟走了几千米"常用来表示交通工具的速度，数目越大，速度越快，这也是比较常用的速度表示方法。"每千米花了几分钟"常用于记录比赛的速度，数目越小，速度越快。大家一定要把这两种方法都学会哦！

表示单位时间内所走的距离，叫作"速度"。
速度的用法与前面学过的人口密度或每单位量的比较方法等，是类似的。

◉ 秒速、分速、时速的表示方法

有甲、乙两辆汽车，甲车每秒前进20米，乙车每小时前进72千米。

请问哪辆车的速度比较快呢？

甲车每秒前进20米。

乙车每小时前进72千米。

◆本题的时间单位分为秒和小时，这样没办法做比较。

那应该怎么办才好呢？

我们可以用位于它们之间的单位"分"来试一试。

甲车每秒前进20米，每分钟前进的距离列算式如下：

20×60=1200（米）

乙车每小时前进72千米，每分钟前进的距离列算式如下：

72÷60=1.2（千米）=1200（米）

由此可知，甲、乙两车的速度相同。

◆速度的单位有下列三种：

每秒钟的速度——**秒速**

每分钟的速度——**分速**

每小时的速度——**时速**

◆把时速改成分速、秒速的换算如下：

分速→秒速　秒速 = 分速 ÷60

时速→分速　分速 = 时速 ÷60

时速→秒速　秒速 = 时速 ÷60÷60

◆把分速、秒速改成时速的换算如下：

时速 = 秒速 ×60 ×60

时速 = 分速 ×60

🐢 动脑时间

长针和短针的转速

小朋友，你仔细观察过钟表的长针和短针吗？长针的转速比短针快。

因此，我们可以知道，速度并不只是与距离有关系。

让我们看一看，时钟从正午12点到下午1点，长针和短针是怎么走的。

在这60分钟内，长针从刻度数字12出发，又绕回到12，走了1圈。

短针却只从12走到1而已，因此，短针的速度只有长针的速度的 $\frac{1}{12}$ 。

如果我们把长针的转速表示为12，那么短针的速度就是1。

这种转速也可以用角度来表示。

转一圈的角度是360°，在钟面上分成12等份，因此，每两个数字间的角度为30°。

长针从12走回到12，等于在60分钟内走完了360°，所以长针每分钟转了6°，即：

360°÷60=6°

短针60分钟从12走到1，只转了30°，所以每分钟转了0.5°，即：

30°÷60=0.5°

长针1分钟走了6°，短针1分钟走了0.5°，因为它们都是表示每分钟的速度，因此，也可以做比较如下：

6÷0.5=12

长针的速度是短针的速度的12倍。

● 速度、时间、距离

速度由前进的距离和花费的时间两者的关系来决定。

让我们来看一看两个因素之间有什么样的关系。

● 求速度

由上面所学过的,我们可以推导出下面的公式。

$$速度 = 距离 \div 时间$$

但是,请大家注意"速度"这个词的用法和意义。飞机或火车等行驶最快的时候的速度叫作"最高速度";汽车为了节省能源、尽量少用汽油时的速度叫作"经济速度",这些"速度"都与我们这里所说的速度不一样,我们所计算的速度是一定时间内走过某段距离的"平均速度",不要弄错哦!

查查看

下图是某列车从甲市到乙市与丙市两站的距离及时刻表。

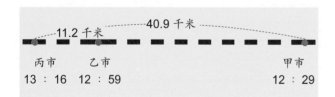

甲市到丙市的时间是:
13 时 16 分 −12 时 29 分 =47 分
乙市到丙市的时间是:
13 时 16 分 −12 时 59 分 =17 分

这辆列车的分速如下:
甲市到丙市　40.9÷47=0.870(千米)
乙市到丙市　11.2÷17=0.658(千米)

这辆列车虽然在乙市到丙市间车速较慢,但平均之后,这辆车从甲市到丙市间的平均分速是 870 米。

"用数线图来表示速度、时间、距离的关系时,图形与表示比例的数线相同。"

乙市到丙市的分速,可以用□代替,如下图:

"速度也是比例的一种表示方式。上面的算式中,列车由乙市到丙市间,以每分钟 660 米的速度行驶,总共行驶了 11.2 千米。"

应用数线图,也可以列出求距离或时间的公式。

● 求距离

下图是分速 75 米的列车行驶 12 分钟的距离,距离用□代替。

距离是 75×12=900(米)。我们可以列出下面这个求距离的公式。

$$距离 = 速度 \times 时间$$

需要注意的是，在公式中，如果速度是秒速的话，数字后面要用秒做单位；速度是时速的话，数字后面要用小时做单位。

例 题

在高速公路上，一辆车以 84 千米的时速行驶 45 分钟，请问这辆车一共走了多少千米？

用时速来计算：

84×（45÷60）=63（千米）

用分速来计算：

（84÷60）×45=63（千米）

时速改为分速

●求时间

火车 6 点从甲地发车，到达乙地的时间是 8 点 1 分。甲地到乙地的距离是 366

千米。如果用同样的速度行驶甲、丙两地大约需要多少时间？甲、丙两地的距离为 1176.5 千米。

因为我们只计算概略的时间，所以甲地到乙地的时间就以 2 小时来计算。

首先，求出火车每小时的速度：

366÷2=183（千米）

接着计算甲地至丙地的时间：

1176.5÷183=6.428……（小时）

火车从甲地到丙地约需行驶 6 小时 26 分。由这个计算，可以再列出求时间的计算公式。

时间 = 距离 ÷ 速度

动脑时间

计算自己所搭乘列车的速度

用什么方法才能算出自己所搭乘列车的速度呢？

假如火车正通过桥或隧道，而且你知道桥或隧道的长度（一般在上桥或进隧道时，路边有标识），计算你身旁的窗户开始进隧道（或桥）到出隧道的时间是几秒。

例如，16 秒通过 240 米长的桥，套进公式计算：

240÷16=15

所以说，你搭乘的这辆列车秒速是 15 米。秒速 ×60×60 就是时速 =54 千米。

整 理

（1）在单位时间内前进的距离，就是一个物体本身的速度，单位时间有秒、分、时的不同，速度也分为秒速、分速、时速。

（2）比较速度的时候，也可以用走完同样距离的时间来做比较。

（3）有关速度的公式如下：

速度 = 距离 ÷ 时间

距离 = 速度 × 时间

时间 = 距离 ÷ 速度

（4）在单位时间内完成的工作量或回转角度，都可以叫作速度。

比值的意义

◎ 标准的数量当成"1"时的比值

兄弟俩的玩具跑车数量如右表所示。

弟弟	哥哥	合计
3辆	5辆	8辆

想一想

1. 把弟弟的玩具车数量表示为单位"1"，计算哥哥的玩具车数量的时候，可以用数线来想。

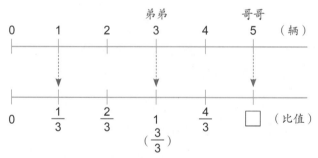

哥哥的玩具车的数量是：

$$\frac{5}{3}=1\frac{2}{3}$$

假如把哥哥的玩具车的数量表示为单位"1"，那么弟弟的玩具车的数量又是多少呢？

这次我们用一条数线来看一看！

哥哥的5辆玩具车表示为"1"，1辆就是$\frac{1}{5}$。

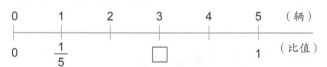

从上图可以看出，当哥哥的玩具车表示为"1"时，弟弟的玩具车数量有3个$\frac{1}{5}$，因此，弟弟的玩具车数量是$\frac{3}{5}$（0.6）。

● 用计算求比值的方法

弟弟的玩具车数量又是哥哥的玩具车数量的多少呢？

我们在上面已经算过，弟弟的玩具车数量是哥哥的玩具车数量的$\frac{3}{5}$（0.6）。如果用计算的方式应该怎么算才对呢？

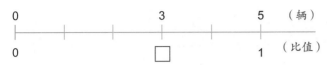

"把哥哥的 5 辆玩具车表示为'1'的时候，弟弟的 3 辆玩具车是多少"，这个问题跟我们在小数的部分学过的一样，列算式为：

3÷5=0.6

跟数线所求出的值完全一样。

● **百分率表示法**

把标准的数量表示为"100"，表示比值的时候，使用百分率。

把标准的数量表示为"100"，表示比值的时候，使用百分率。

把标准的数量表示为"100"，比值 0.6 就等于 60。写成 60%（百分之六十）。

※百分率也叫百分数，是分数用在表示分率时的一种特别形式。我们可以说，弟弟的玩具车数量是哥哥的玩具车数量的 60%。

◆ 那么弟弟的玩具车数量是玩具车总数的百分之几呢？

让我们来算算看。

①比值是比较两个数量或大小的表示方法。
②把标准的数量当成"1"时的比值表示方法。
③把标准的数量当成"100"时的比值表示方法。

让我们来算一算。

弟弟的玩具车数量……………………3 辆
玩具车总数……………………………8 辆
3÷8=0.375………以 8 辆表示为"1"

0.01（$\frac{1}{100}$）写成 1%，以 0.01 为 1 个单位，0.375 就成为 37.5。因此，弟弟的玩具车数量是玩具车总数的 37.5%。

用百分之几表示比值叫作百分率。

整 理

（1）有甲、乙两种数量，以乙为基准，用数字表示甲占多少，叫作甲对乙的比值。

（2）把乙表示为"1"，那么甲对乙的比值可以用整数、小数、分数来表示。

（3）把乙表示为"100"，表示甲所占的比值叫作百分率。

（4）0.24 的比值用百分率来表示，叫作百分之二十四，写作 24%。

求比值的方法

用百分率表示

125 克的食盐水中，溶解了 5 克盐。请用百分率表示食盐水的浓度。

容器内溶解了 5 克的食盐。

想一想

用什么方式表示食盐水的浓度比较好呢？

"食盐水的浓度，就是说在食盐水里面到底溶解了多少食盐。"

溶解了多少食盐→浓度

"我还是不太懂呀！是不是计算食盐的质量跟水的质量的比值呢？"

※食盐水的浓度，是以食盐水的质量为基准，求出溶解在水中的食盐质量的比值。

水的质量加食盐的质量就是食盐水的质量，120 克的水中溶化 5 克食盐，就变成 125 克的食盐水。

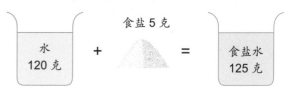

用文字算式表示如下：

食盐水的质量＝水的质量＋食盐的质量

求食盐水的浓度时，公式为：

食盐水的浓度＝食盐的质量÷食盐水的质量

把题目中的数值代入上面的算式。

食盐的质量……………5 克

食盐水的质量…………125 克

把 125 克的食盐水当成"100"的话，5 克占了多少呢？

让我们看一看数线吧！

那么，应该用什么方式求出□呢？

因为是 5 克与 125 克相比，列算式为：

$5÷125=0.04$

换句话说，5 克是 125 克的 0.04 倍。0.04 是把 125 克当成"1"的比值。

但百分率是把 125 克当成 100%，因此，100% 的 0.04 倍是：

$100\%×0.04=4\%$，也就是 0.04 可以写成 4%。

◆让我们放在数线上再看一次。

●改写成百分率

　　小仁他们在想，有没有什么办法可以不用100乘小数点就能表示百分率，或者不改成小数，直接就用百分率来表示呢?

◆小花的想法

"百分率就是把0.01写成1%的表示法。上题的比值是0.04，也就是0.01的4倍，所以只要写成4%就行了。"

◆小仁的想法

"1%就是$\frac{1}{100}$嘛，我用下面的方法计算。

$$5÷125=\frac{\overset{1}{\cancel{5}}}{\underset{25}{\cancel{125}}}=\frac{4}{100}$$

表示百分率的时候，先写成分母是100的分数，然后分子再加个%就行了呀!"

◆小明的想法

"我认为他们两个人的想法都正确。写成分母是100的分数，分子加上%真的是很方便，而且又不用做小数的除法。可是，如果分母不是刚好100的话，那可就麻烦了。"

　　"我们一般直接用除法计算出小数表示的结果，再把小数变成百分率就可以了。"

求比值的公式

　　我们在前面已经计算过，

　　食盐水的浓度＝食盐的质量÷食盐水的质量

　　也是食盐的质量与食盐水的质量的比较，因此，比值可以说是:

　　要比的数量÷标准的数量

　　用数线表示如下:

| 要比的数量 | | 标准的数量 |

```
0 5克                        125克
├──┼──────────────────┤
0.04
```

比值

※ "要比的数量"，也可以说是"被比较的数量"。

　　求比值的公式如下:

　　比值＝要比的数量÷作为标准的数量

求比值的除法

1. 商人以每双 30 元买进了一批袜子，并按照预计每双赚 5 元确定了定价。请问，商人售出袜子后，每双袜子赚的利润是定价的百分之多少？

想一想

◆ 三人的想法

"让我想一想。定价是 30 元吗？还是要把赚的 5 元也加上，才算是真正的定价呢？"

"30 元是买进价嘛。我想，定价一定是用下面的方法来算的。"

买进价·········30 元
预计赚的利润·········5 元
定价·········35 元（30 元 +5 元）

"原来是这样子呀！现在我终于懂了。让我们画成数线吧，这样看起来比较方便。"

应该用哪一个作为标准的数量呢？

※ 问题是"利润是定价的百分之几",所以 35 元是作为标准的数量。

"真的吗?那么就可以画成下面的数线了!"

5÷35=0.1428……大约是 14%

"5 要除以 35 而不是 30,可以理解为当店家按 35 元的定价卖出,就赚到了 5 元。我明白了,让我们再来整理一次吧!"

标准的数量(定价)…………35 元
要比的数量(利润)…………5 元

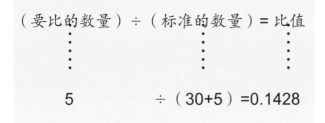

（要比的数量）÷（标准的数量）= 比值

5　　　÷（30+5）=0.1428

答:每双袜子赚的利润是定价的大约14%。

2. 某家超级市场买进了 500 枚鸡蛋,但是,在搬运途中不小心打破了 60 枚。请问完整的鸡蛋数量占原来鸡蛋总数的百分之多少?

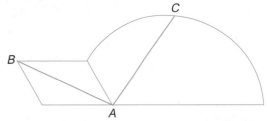

动脑时间

为什么长度看来不一样呢?

请仔细观察下图。线段 AC 看来好像比 AB 要长吧?但是,实际上这两条线段是一样长的。

这是错觉所引起的,大图形中的物体看起来比小图形中的物体要大。接下来再看一看下面的高礼帽。

这顶礼帽的高度看来比帽檐还要长,真的吗?

但是,其实它们的长度完全相同。不信的话,请你实际量一量就知道了。看吧,长度相同吧!

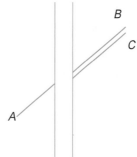

左图的直线 A 看来像是跟 C 相连的,但实际上它是与 B 相连的。

由此可以知道,我们的眼睛很容易受骗,所以在看图思考问题的时候,一定要特别小心哦!

想一想

本题作为标准的鸡蛋数量是500枚，那么要比的数量是多少个呢？仔细再看一遍问题后，用心地想一想。

"要比的数量是指搬运途中打破的60枚鸡蛋吧！哎呀，我弄不清楚啦！"

"咦！这样不对吧！干脆画成数线不就知道了吗？"

画出甲、乙两条数线，哪一条才是正确的呢？

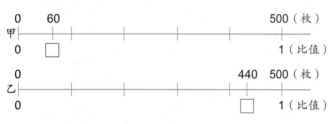

本题是"完整的鸡蛋数量占原来鸡蛋总数的百分之多少"，搬运途中已经打破了60枚鸡蛋，所以，完整的鸡蛋数量应该是：

500－60＝440（枚）

这440枚鸡蛋才是要比的数量。

这么说，乙数线才是正确的喽。

然后，我们整理如下：

作为标准的量（买进时的鸡蛋数量）
……………500枚

要比的数量（没打破的完整鸡蛋数量）
……………440枚（500枚－60枚）

440÷500＝0.88＝88%

完整的鸡蛋数量占原来鸡蛋总数的88%，那么，打破的鸡蛋数量就占原来鸡蛋总数的12%。现在，让我们把前面学过的内容再做一次整理。

● 比值的关系

前面我们所学到的表示比值的方法，都使用整数、小数或分数，这一节我们又学到了百分率。我们可以再把这些内容综合整理一次。

◆三人整理出来的结果

"我整理的是要比的数量跟原来数量相等的情况。

两个数量相等的时候，它的比值是1。因此，用整数或分数表示都是1，用百分率表示是100%。"

"我整理的是1的 $\frac{1}{10}$，小数写成0.1，0.1写成百分率是10%。"

"1的 $\frac{1}{100}$ 写成小数为0.01，写成百分率是1%。除了这些以外，还有其他的表示方法吗？"

"还有下面几种表示比值的方法。就是分数的 $\frac{1}{1000}$、小数的 0.001，写成百分率都是 0.1%。还可以用千分率表示，写成 1‰。"

"小英懂得好多哦！比值有各种表示方法，但是，最重要的是一定要记住，不同的情况可以用不同的表示法，或用不同的图表来做比较，然后再综合整理成一个图表。"

"如果把不一样的比值表示方式都改成小数的话，就很容易做比较了，所以小数是最常用的比值表示方式。"

想一想

"有 15 个橘子，每 5 个摆在一个盘子上，共需要几个盘子？"我们已经学过这种除法的问题了。15 个是 5 个的 3 倍，所以需要 3 个盘子。这种除法和下面求比值的除法是一样的，只是得数有整数与分数的区别而已。

每盘有 15 个橘子，那么 5 个橘子是一盘的多少？

我们可以把这两个问题画成数线看一看。

◆ 现在我们再复习一遍前面所学的内容。

数的形式 \ 数位		十分位	百分位	千分位	万分位
整数	1				
分数	1	$\frac{1}{10}$	$\frac{1}{100}$	$\frac{1}{1000}$	$\frac{1}{10000}$
小数	1	0.1	0.01	0.001	0.0001
百分率	100%	10%	1%	0.1%	0.01%

整　理

（1）用下列公式求比值。

比值 = 要比的数量 ÷ 标准的数量

（2 比值可以用整数、小数、分数、百分率来表示。

（3）百分率以 0.01（$\frac{1}{100}$）为一个单位，写成 1%。

求要比的数量

● 要比的数量

小明的学校面积为 3600 平方米，其中 75% 是运动场。

那么，小明学校的运动场的面积大概有多大呢？让我们帮助小明，试一试用什么方法可以求出要比的数量（也就是用来跟标准量相比的量）。

嗯！我们已经知道"学校的面积"了，就是不知道运动场的面积有多大。

标准的数量与比值都知道了，但就是不知道运动场到底有多大。

◆ 把已经知道的再整理一次

标准的数量·····················1

学校的面积·········3600 平方米

要比的数量·········被比的数量

运动场的面积·················?

比值·····················75%

◆ 比值的问题大部分很难。尤其是要比的

数量比标准的数量小的时候，更是叫人弄不清楚。所以，我们最好画成数线来看一看。

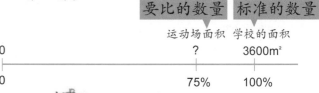

"从数线上可以看出本题是在问什么。可是应该怎么解答才好呢？"

◆ 我们已经知道问题的重点，接下来我们再从数线上实际地着手解决问题。

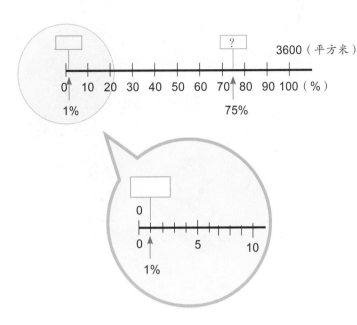

学习重点

① 求要比数量的方法。
② 求要比数量时用乘法的意义。

我们同样用数线来表示。

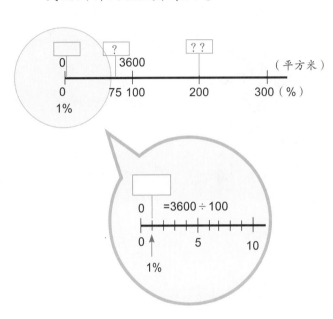

首先求出等于 1% 的数量是多少。

3600÷100=36（平方米）

1% 是 36 平方米，那么 75% 的面积就是 36 平方米的 75 倍，列算式如下：

36×75=2700（平方米）

上面的计算可以整理成以下的算式哦！
3600÷100×75=2700（平方米）

好了，我们现在可以求 200% 的数量了。

3600 平方米是 100%，那么 200% 就是它的 2 倍（200÷100=2），所以它的面积是 3600 平方米的 2 倍。列算式为：

3600×2=7200（平方米）

这个过程其实就是 3600÷100×200。

想一想

我们再用求 1% 的方法来想一想求要比数量的方法吧！

如果比例数量不是 75%，而是 200% 的话，又会变成什么样呢？

接下来让我们直接求出 75% 的数量是多少。

就像前面的想法一样，3600 平方米是 100％，那么 75％ 是 100％ 的 0.75 倍（75÷100=0.75）。

因此，求运动场面积的算式可以这样写：
3600×0.75

也可以直接写成 3600×75％。

75％就是 0.75，因此，要比的数量等于：
标准的数量 × 比值

要比的数量＝标准的数量 × 比值

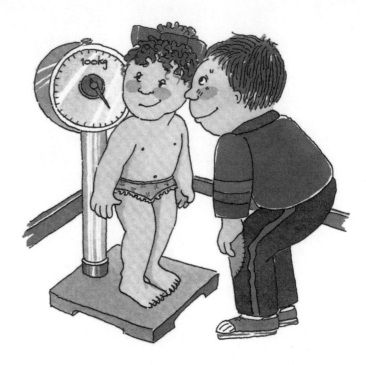

例 题

让我们再来解答下面的问题。

问题甲

小维的体重是 35 千克，爸爸的体重是小维的 1.8 倍，那么爸爸的体重是多少千克？

首先，像前面一样，先整理问题，画成数线比较。

标准的数量	35 千克
要比的数量	？
比值	1.8 倍

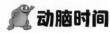 **动脑时间**

为什么会赔钱呢？

　　某家商店的商品定价比进货价多两成利润，后来商品以降低两成的价钱出售，结果却赔钱了，这到底是怎么回事呢？

　　这是一个求比例数量大小的问题。我们可以想一想，比值是 2 成，那么标准的数量（原来的大小）又是多少呢？

　　商店购买商品时，一定要付钱，这个价格叫进货价。定价就是根据进货价而定的。

　　假定进货价是 500 元，想一想情况是怎么样的呢？

　　500 元的 2 成是利润，即：
　　500×0.2=100（元）
　　500 元再加 100 元就是定价。
　　因此，商品的定价是：
　　500+100=600（元）

　　后来，商品以降低 2 成的价格出售，也就是，顾客只要支付比定价少 2 成的钱就可以了。

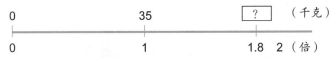

◆列出算式为

$$35 \times 1.8 = 63 \text{ 千克}$$

爸爸的体重（要比的数量）是63千克。

问题乙

小维每月有1200元零用钱，他把其中的65%存起来。请问小维每月的存款是多少？

我们同样画成数线做比较。

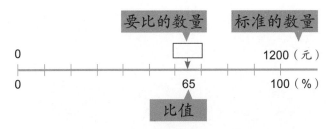

标准的数量是1200元，把1200当100%，则每个月的存款是它的65%。

如前面所学过的，把1200元当成"1"，那么每月的存款就是0.65。

◆列出算式为

$$1200 \times 0.65 = 780 \text{（元）}$$

现在大家知道了吧，小维每月存款780元。

列算式如下：

$$600 \times 0.2 = 120 \text{（元）}$$

定价再减120元，即：

$$600 - 120 = 480 \text{（元）}$$

商品本来是500元买进的，却以480元卖出，比较之下，售出每件商品赔钱为：

$$500 - 480 = 20 \text{（元）}$$

有没有方法可以用一个算式求出定价呢？

商品的定价是进货价的1.2倍，列算式为：

$$500 \times （1+0.2） = 600 \text{（元）}$$

商品降价2成后的价钱，列算式为：

$$600 \times （1-0.2） = 480 \text{（元）}$$

所以说，如果不经过仔细思考及计算的话，就会造成类似的损失哦！

◉ 乘法意义的整理

请做下列这两个问题，并想想乘法的意义。

---问题甲---

1 升的油质量为 0.96 千克，同样的油 1.25 升是多少千克呢？

---问题乙---

小维家里去年收获了 0.96 吨大豆，今年预计可以收获的大豆量是去年的 125%，那么今年可以收获多少吨大豆呢？

先整理问题画成数线。

- 标准的数量 ………………… 0.96 千克

- 要比的数量 ………………………… ？

- 比值 ………………………… 1.25 倍

$$1.25 \div 1 = 1.25$$

标准的数量是 0.96 千克，把它当成"1"，求 1.25 倍比值的数量是多少。

◆列出算式为：

$$0.96 \times 1.25 = 1.2 （千克）$$

答：1.25 升的油的质量是 1.2 千克。

用数线可以看得很明白。

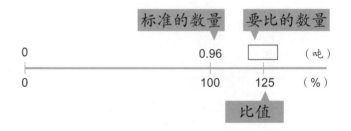

从上图可以看出，100% 是 0.96 吨，我们要求出它的 125% 的数量。

我们知道 125% 是 100% 的 1.25 倍，所以，今年预计收获的大豆量是 0.96 吨的 1.25 倍。

◆列出算式为：

$$0.96 \times 1.25 = 1.2 （吨）$$

答：今年可收获大豆 1.2 吨。

125% 与 1.25 倍是完全相同的。

问题乙是以 0.96 吨为 100%，然后求 125% 的数量，所以把 0.96 当作 "1"，1.2 吨就是它的 1.25 倍。

◆让我们再综合这两个问题，想一想乘法的意义。

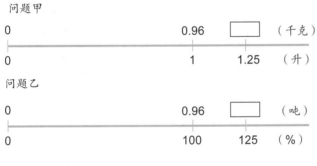

让我们再重新整理一次吧！

甲、乙两个问题都是把 0.96 当成 "1"，然后求出 1.25 倍的数量。

所以，我们可以说，两个都是同样比值的问题。因此，数线的结构才会相同。

综合测验

请用（ ）内的比值来表示。

① 80%（小数）；② 1.5（百分率）；

③ 0.36（百分率）；④ 0.9%（小数）。

综合测验答案：① 0.8；② 150%；③ 30%；④ 0.009。

整 理

（1）

| 要比的数量 | = | 标准的数量 | × | 比值 |

（2）

把标准的数量当作 "1" 时，求出要比的数量。

求标准的数量

◉ 求标准的数量的方法

请想一想，用什么方法可以求出标准的数量呢？

有个人每个月都存款 3000 元。

存款的数量是他每月收入的 15%。请问他每月收入是多少钱呢？

◆ 让我们把已经知道的做个整理吧！

要比的数量	标准的数量	比值
↓	↓	↓
3000 元	？	15%

"我的想法是这样的，虽然不知道这个人每个月收入多少钱，但把每月的收入当成 100% 来看就没错了。"

没错，我们就根据这种想法来画数线吧！

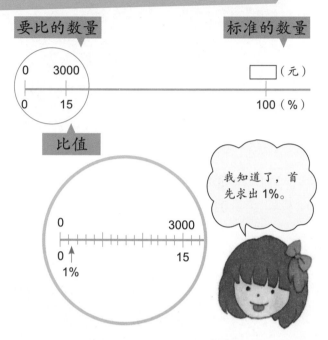

我知道了，首先求出 1%。

求标准的数量时，常常很难判断比值的关系。尤其是标准的数量比要比的数量更大的时候，更容易出错，所以一定要特别小心。

※ 实际计算看一看吧！

• 先求出 1%，也就是 3000÷15=200，即 1% 的收入是 200 元。

• 标准的数量是 100%，列算式为：
200×100=20000（元）

他每个月的收入有 2 万元哦！

想一想

还有没有其他方法可以求出标准的数量呢？请想一想。

先画出数线看一看吧！

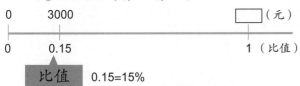

比值　0.15=15%

◆想一想用什么方法求出要比的数量。

$$\boxed{} \times 0.15 = 3000$$

所以，标准的数量应该是：

3000÷0.15=20000（元）

这个人每月的收入是20000元。

上面的计算方法我们在前面已经学过，是应用求要比数量的方法，列出公式然后求出标准的数量。

学习重点

①求原来数量的方法。
②乘法意义的整理。

◆让我们再把求原来数量的方法整理一次，画成数线比较容易理解。

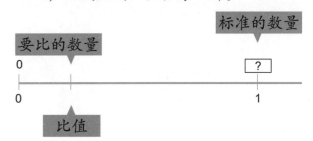

数线上已经列出1的数量了。

※求原来数量的公式如下：

标准的数量 = 要比的数量 ÷ 比值

🐸 **动脑时间**

用乘法来算除法

某个小学有232名一年级学生，占全校学生人数的25%。请问全校一共有多少名学生？

这也是求标准的数量（全校学生人数）的问题，所以可用下面的方法计算。

232÷0.25用右边的乘法就可以计算出来。

$$\begin{array}{r} 2\,3\,2 \\ \times\quad 4 \\ \hline 9\,2\,8 \end{array}$$

为什么可以这样计算呢？从下面的数线就可以看出来了。

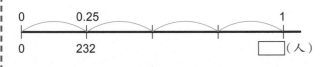

0.25就是分数的$\frac{1}{4}$，$\frac{1}{4}$是232人，要求出它全体"1"的数量，因此，可以用下列的算式计算：232÷0.25=232×4。

接下来我们再来看一看别的问题。

12.5%是$\frac{1}{8}$，所以，可以用下列算式计算：

98÷0.125=98×8

0.75=$\frac{3}{4}$，那么下面的□和△是多少呢？

471÷0.75=471÷□×△

答：□是4，△是3。

◉ 乘法意义的整理

请计算下面两个问题，并想一想乘法的意义。

问题甲

0.6 米的塑料管的价格是 3.6 元，那么，这种塑料管 1 米的价格是多少呢？

0.6 米
360 元

我们先画成数线，以便加深对问题的理解。

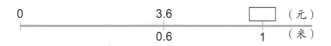

"这是求原来数量 1 米的价钱的题目。0.6 米是 3.6 元，应用求原来数量的算式来计算就可以了。"

◆应用求原来数量的算式想一想吧！

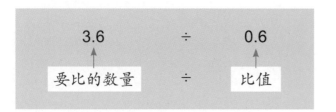

上面的文字算式换成下面的计算为：

3.6÷0.6=600（米）

1 米塑料管的价钱是 600 元。

问题乙

1 把尺子的价格是 3.6 元，相当于 1 支圆珠笔价钱的 0.6 倍。

那么 1 支圆珠笔是多少元钱呢？

（圆珠笔的 0.6 倍）

?

我们也画成数线看一看吧！

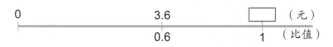

"标准的数量是 1 支圆珠笔的价格，1 支圆珠笔价钱的 0.6 倍就是 1 把尺子的价格，所以我认为可以用下列算式。"

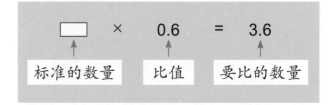

◆想一想用什么方法求出标准的数量。

3.6÷0.6

"得数同样都是 1 支圆珠笔 6 元。为什么题目不一样，得数却完全相同呢？"

想一想

请仔细想一想，求原来数量的乘法的意义。

问题甲

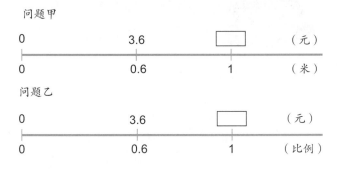

问题乙

把问题甲中 1 米的价格当成"1"，0.6 米的价格就是它的 0.6 倍。

在问题乙中，把 1 支圆珠笔的价格当成"1"，1 把尺子的价格就是它的 0.6 倍。所以，两个问题当然是一模一样的呀！

查一查

"我们前面已经学过，求要比的数量应用乘法。各位还记得吗？"

现在我们所学的是求原来数量的乘法，这两种应用之间有没有什么关系呢？

①乘法可以应用在两种情况下。

※一应用在前面学过的求要比的数量的时候。

※二应用在现在所学的求原来数量的时候。

②这两种应用都用乘法的算式，但画成的数线却不一样。

例如，同样是 3.6÷0.6，但是数线却不一样哦！

※ 求要比的数量时：

数线表示将 0.6 当成 1 的话，3.6 是多少。

※ 求原来数量时：

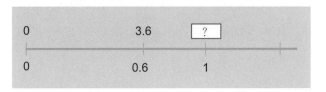

数线表示将 0.6 当成 3.6 的话，1 是多少。

整理

（1）求原来数量的时候，必须区别哪个是比值、哪个是要比的数量，并画成数线比较看一看。

（2）求原来数量的时候，用比值去除要比的数量就可以了。

标准的数量＝要比的数量÷比值

（3）除法有两种应用方法。

①求比值

要比的数量÷标准的数量

②求标准的数量

要比的数量÷比值

比值及各部分关系的整理

● 比值的使用方法

我们重新对前面学过的比值、要比的数量、标准的数量等关系做一个综合整理。

甲老师的体重为 63 千克，乙学生的体重为 35 千克。甲老师的体重是乙学生的体重的 1.8 倍。

查一查

把上面的题目改成比值、要比的数量、标准的数量等用语试一试。

◆把已知事项整理一下。

要比的数量 ➡ 甲老师的体重
（63 千克）

标准的数量 ➡ 乙学生的体重
（35 千克）

比值 ➡ 1.8 倍

◆画成数线看一看。

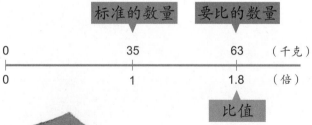

"大家都整理得很好嘛！接下来，我们再出题，看一看比值、要比的数量、标准的数量之间的关系。"

◆把求比值的方法整理一下。

"只要知道乙学生的体重（35 千克）以及甲老师的体重（63 千克），就可以求出 1.8 倍的比值。"

※举个例题试一试。

甲老师的体重为 63 千克，乙学生的体重为 35 千克，那么甲老师的体重是乙学生的体重的几倍呢？

画成数线看一看。

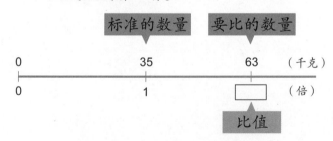

$63 \div 35 = 1.8$，只要知道要比的数量与标准的数量，就可以求出比值。

改成文字算式应该这样写：

比值 = 要比的数量 ÷ 标准的数量

◆把求要比的数量的方法整理一下。

"求甲老师的体重（要比的数量），可以应用与上面算式一样的方法。"

※举个例题试一试。

乙学生的体重为 35 千克，甲老师的体重为乙学生的体重的 1.8 倍，那么甲老师的体重是多少千克？

改画成数线看看，

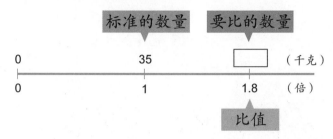

在 35 × 1.8 = ☐ 算式中，只要知道标准的数量和比值，就可以求出要比的数量。

改写成文字算式应该这样写：

要比的数量 = 标准的数量 × 比值

◆综合整理看一看。

让我们再来看一看，求标准的数量（乙学生的体重）的方法。

※举个例题试一试。

甲老师的体重是乙学生的体重的 1.8 倍。甲老师的体重是 63 千克，请问乙学生的体重是多少千克？

改画成数线看一看。

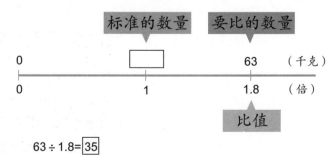

63 ÷ 1.8 = 35

学习重点

①了解比值、要比的数量、标准的数量等的应用。

②比值、要比的数量、标准的数量中，只要知道其中两个就能求出另一个。

"只要知道要比的数量和比值，就可以求出标准的数量。"

改成文字算式应该这样写：

标准的数量 = 要比的数量 ÷ 比值

● **它们彼此之间有什么关系呢？**

要比的数量、标准的数量、比值之间的关系如下：

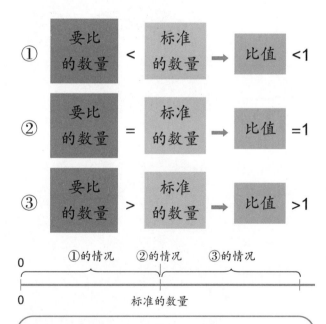

整 理

在比值 C、要比的数量（A）、标准的数量（B）之中，只要知道其中两个，就能求出另外的一个。列算式为：

$C = A \div B \quad A = B \times C \quad B = A \div C$

巩固与拓展 1

整 理

平均单位量的比较方法

比较公园内树木的分布情形时，树木的棵数与土地面积的大小都不同，则无法按照既有的数字进行比较。

比较时若包含了 2 种不同的单位，可以用其中一种单位做基准，然后再利用另一种的数量做比较。

（1）利用每 1 平方米的树木棵数做比较。

甲：400÷60=6.66（棵）

乙：200÷40=5（棵）

（2）以每 1 棵树所占的面积做比较。

甲：60÷400=0.15（平方米）

乙：40÷200=0.2（平方米）

试一试，来做题。

1. 小朋友们一起整理花圃。小明的一组一共有 7 人，整理的花圃面积是 10 平方米。小英的一组有 9 人，整理的花圃面积是 12 平方米。若以人数的比例来看，哪一组完成的工作较多？

（1）计算每人多做了多少面积。

（2）计算每平方米少用多少人。

2. 甲广场的面积是 300 平方米。乙广场的面积是 250 平方米。

甲广场聚集了 130 人，乙广场聚集了 100 人。若以面积的比例来看，哪个广场的人数较密？

3. 下表显示了甲市和乙市的人口与面积。分别求出甲市和乙市的人口密度。

甲　　市	5470000 人	84510 平方千米
乙　　市	11370000 人	2145 平方千米

4. 小明花了 14 分钟步行到离家 896 米的学校。小英花了 10 分钟步行到离家 620 米的学校。若以每分钟的速度做比较，谁的速度较快？快多少米？

小明的家离学校 896 米

答案：1.（1）小明的一组完成的工作较多，每人多做约 0.1 平方米。（2）小明的一组每平方米少用了 0.05 人。

2. 人口密度的求法

每单位量的人口数叫作人口密度。通常以1平方千米平均居住多少人来表示，这叫作每1平方千米的人口密度。因此，人口密度越大表示人口的数量越多（人口密度＝人口÷土地面积）。

由上面的算式可以看出丙市的人口密度最高。

市	甲	乙	丙
人口（人）	50000	120000	100000
面积（平方千米）	30	56	42

甲市 50000÷30=1666.6…

乙市 120000÷56=2142.8…

丙市 100000÷42=2380.9…

3. 速度的表示方法

车或人的行走速度可以用每单位量的大小来表示。

（1）以行走一定路程所需的时间来表示。

所需时间 ÷ 路程

（2）以一定时间内所行走的路程来表示。

行走的全部路程 ÷ 时间

1秒钟行走5米的速度叫作秒速5米；

1分钟行走60米的速度叫作分速60米；1小时行走30千米的速度叫作时速30千米。

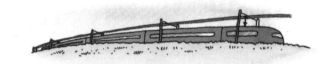

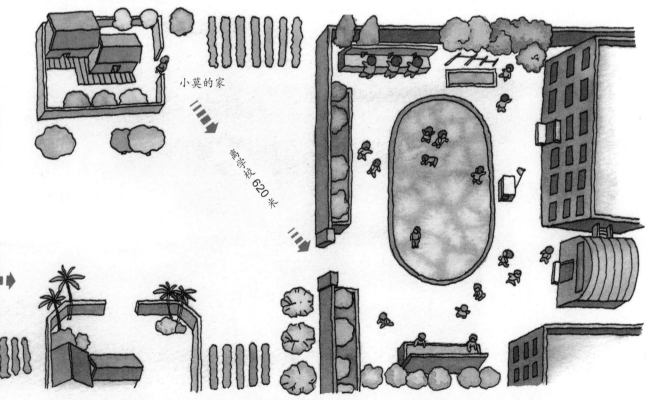

小莫的家

南莎森 620 米

2. 甲广场的人数较密。3. 甲市的人口密度约为64.7人，乙市的人口密度约为5300.7人。4. 小明的速度较快，他每分钟的速度比小英每分钟的速度快2米。

解题训练

■ 以每单位量的金额做比较

1　小明买了 5 个笔记本，花了 20 元。小英买了 8 个笔记本，花了 40 元。谁买的笔记本比较便宜？

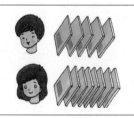

◀ 提示 ▶

计算每 1 个笔记本的价钱。

解法　因为数量和价钱都不同，所以无法比较。必须先计算 2 种笔记本的单价，然后再比较价格的高低。

小明买的笔记本的单价为：20÷5=4（元）

小英买的笔记本的单价为：40÷8=5（元）

答：小明买的笔记本比较便宜。

■ 每单位面积的比较方法

2　甲村的稻田面积是 16 平方千米，稻米的收获量是 835 万千克。乙村的稻田面积是 21 平方千米，稻米的收获量是 1100 万千克。

哪一村的稻米收成比较好？

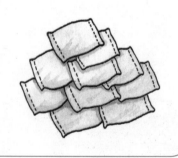

◀ 提示 ▶

先求出每 1 平方千米的稻米产量。

解法　两村的稻田面积与稻米产量各不相同，所以无法比较。必须先求出每 1 平方千米的稻米产量，然后比较收获量的高低。

甲村的每 1 平方千米的稻米产量为：835÷16≈52.1（万千克）

乙村的每 1 平方千米的稻米产量为：1100÷21≈52.3（万千克）

答：乙村的稻米收成比较好。

■ 和人口密度相关的问题

3　甲市的人口是 64600 人，面积为 425 平方千米。

（1）求甲市的人口密度。

（2）乙市的人口密度和甲市的人口密度相同。乙市的面积有 540 平方千米，乙市的人口约有多少？

◀ 提示 ▶
（1）求每 1 平方千米的人数。
（2）套用（1）的算式即可求出乙市的人口。

解法　人口密度是指每 1 平方千米的人数，也就是：人口 ÷ 面积。

　　　　　　　　人口　　　面积　人口密度
甲市的人口密度为：64600　÷425　=　152（人）
乙市的人口密度为：□　　÷540　=　152（人）
由上面的算式可以求得乙市的人口数。乙市的人口列算式为：
152×540=82080（人），约 82000 人。

答：（1）甲市的人口密度为 152 人。（2）乙市人口约为 82000 人。

■ 求速度的应用题

4　甲地到乙地约有 6200 千米，乘坐飞机需 5 小时。甲地到丙地约有 366 千米，乘坐火车需 2 小时。哪一种交通工具的速度比较快？飞机与火车的分速与秒速各是多少？

◀ 提示 ▶
速度可以用时速、分速或秒速做比较。

解法　因为时间和距离都不相同，所以无法比较。必须先求出各自的时速（每小时行走的距离）才可以比较快慢。

飞机每小时飞行的距离为：6200÷5=1240（千米）

火车每小时行驶的距离为：366÷2=183（千米）

分速 = 时速 ÷60；秒速 = 时速 ÷（60×60）或分速 ÷60

飞机的分速为：1240÷60=20.666…（千米）

飞机的秒速为：1240÷3600=0.344…（千米）

火车的分速为：183÷60=3.05（千米）

火车的秒速为：183÷3600=0.050…（千米）

答：飞机的速度比较快。飞机的分速约为 20.67 千米，秒速约为 0.34 千米。火车的分速约为 3.05 千米，秒速约为 0.05 千米。

■ 和速度相关的应用题

5　甲地和乙地间的高速公路全长约为 350 千米。汽车以 100 千米的时速行进，需要几小时才能走完全程？
　　如果汽车以 80 千米的时速前进，约需几个小时才能走完全程？

◀ 提示 ▶
利用求解速度的算式想一想。

解法　速度 = 路程 ÷ 时间，列算式为：100=350÷□，
□=350÷100=3.5（小时）。

同样地，当时速为 80 千米时，350÷80=4.375（小时），约 4.4 小时。

答：时速为 100 千米时，需要 3.5 小时走完全程。时速为 80 千米时，需要约 4.4 小时走完全程。

加强练习

1. 甲田的面积是 0.05 平方千米，乙田的面积是 0.04 平方千米。今年甲田总共使用了 10 万元的肥料，乙田使用了 9 万元的肥料。

甲田今年的收获金额是 50 万元，乙田的收获金额是 45 万元。

如果从收获的金额扣除肥料的费用，哪一块田的收益较高？

2. 图中的甲容器里有 150 克的糖水，糖水中搅和着 30 克的糖。乙容器里有 400 克的糖水，糖水中搅和着 100 克的糖。哪个容器里的糖水较浓？

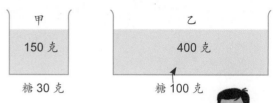

甲	乙
150 克	400 克
糖 30 克	糖 100 克

3. 某市的人口共有 758600 人，人口密度约 980 人。

某市的面积大约是多少平方千米？

解答和说明

1. 先计算每 0.01 平方千米所需的肥料费与产量。0.05 是 5 个 0.01；0.04 是 4 个 0.01.

甲田的肥料费：10÷5=2（万元）

乙田的肥料费：9÷4=2.25（万元）

甲田的收获金额：50÷5=10（万元）

乙田的收获金额：45÷4=11.25（万元）

收获金额－肥料费＝收益

甲田的收益为：10-2=8（万元）

乙田的收益为：11.25-2.25=9（万元）

其他解法。

甲田的收益为：（50-10）÷5=8（万元）

乙田的收益为：（45-9）÷4=9（万元）

答：乙田的收益较高。

2. 先计算每 1 克糖水所含的糖量。甲容器里有 30 克的糖，列算式为：

30÷150=0.2（克），即每克糖水中有 0.2 克的糖。乙容器内糖水的浓度也可用相同的方法计算如下：

100÷400=0.25（克）

答：乙容器里的糖水较浓。

3. 套用求人口密度的公式为：人口（758600）÷面积＝人口密度（980），则：面积＝人口÷人口密度。列算式为：758600÷980=774.08…（平方千米）

答：某市的面积约为 774 平方千米。

4. 利用速度的公式求出往返所需的时间。

往：12÷4=3（小时）

返：12÷3=4（小时）

往返共需 7 小时，往返的全部路程是 24 千米。列算式为：

（12×2）÷（3+4）=3.428…（千米）

答：平均时速约为 3.4 千米。

4. 甲地和乙地相距 12 千米。如果来往两地之间，去时的时速是 4 千米，回程的时速是 3 千米。平均时速是多少千米？

5. 印刷机在 12 分钟里可以印刷 3600 张纸。

（1）让印刷机转动 2 小时 30 分，总共可以印刷几张纸？

（2）如果印刷 18 万张纸，需要几小时？

6. 越野赛跑的单程路线是 3.1 千米，哥哥和弟弟正在一起练习，两人跑到 3.1 千米的折返地点后又回头跑回原来的出发点。哥哥的分速是 320 米，弟弟的分速是 280 米。哥哥和弟弟同时从起跑点出发。

（1）出发 5 分钟后，哥哥和弟弟相距多少米？

（2）出发 10 分钟后，哥哥和弟弟相距多少米？

3.1 千米

应用问题

1. 丙、丁两人同时从甲市出发，前往距离甲市 360 千米的乙市。丙每天行走 9 小时，时速是 5 千米。丁每天行走 10 小时，时速是 4 千米。丙、丁两人谁最先到达目的地？两人步行的天数相差几日？

2. 甲地到乙地是上坡路，乙地到丙地是下坡路。甲、乙两地相距 900 米，乙、丙两地相距 1200 米。行走上坡路的分速是 40 米，行走下坡路的分速是 70 米。从甲地经乙地到丙地，然后从丙地经乙地返回甲地，一共需多少分钟？

5. 先计算印刷机每分钟印刷的纸张数量。列算式为：3600÷12=300（张）。

（1）2 小时 30 分等于 150 分钟，列算式为：300×150=45000（张）

（2）每小时的印刷数量列算式为：
300×60=18000（张），所以印刷 18 万张所需的时间为 180000÷18000=10（小时）。
答：（1）2 小时 30 分钟印刷 45000 张。
（2）印刷 18 万张需要 10 小时。

6. 在跑到折返地点之前，哥哥和弟弟每分钟的差距是 40 米。但是，从折返地点返回之后，哥哥便逐渐接近弟弟。

（1）列算式为：（320−280）×5=200（米）
（2）列算式为：（320+280）×10=6000（米）
3100×2−6000=200（米）
答：（1）出发 5 分钟后，哥哥和弟弟相距 200 米。（2）出发 10 分钟后，哥哥和弟弟相距 200 米。

答案：1.360÷（5×9）=8（天）
360÷（4×10）=9（天），丙先到达目的地，相差 1 天。
2.900+1200=2100（米）
2100÷40+2100÷70=82.5（分钟）
一共需 82.5 分钟。

巩固与拓展 2

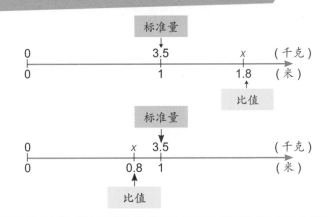

整 理

1. 比较量的求法

右图中的 x 是"比较量"，比较量可由下列的式子求得。

比较量 ＝ 标准量 × 比值

试一试，来做题。

1. 铁管 1 米的重量是 5.2 千克。

（1）同样的铁管长为 1.7 米，重量是多少千克？

（2）同样的铁管长为 0.4 米，重量是多少千克？

2. 小明的书桌长为 1 米、宽为 80 厘米。

（1）书桌的长是宽的几倍？

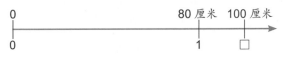

（2）书桌的宽是长的几倍？

2. 比值的求法

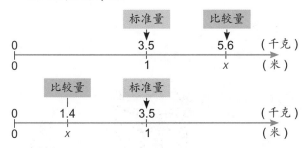

上图中的 x 是"比值"，如果套用 1 的算式就成为：

| 标准量 | $\times x =$ | 比较量 |

↓

| 比值 | $=$ | 比较量 | $\div$ | 标准量 |

3. 标准量的求法

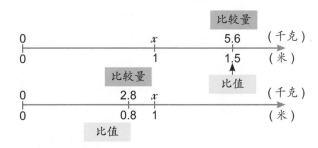

上图中的 x 是"标准量"，如果套用 1 的算式就成为：

$x \times$ | 比值 | $=$ | 比较量 |

↓

| 标准量 | $=$ | 比较量 | $\div$ | 比值 |

---

3. 父亲的体重是 63 千克，父亲的体重是小玉体重的 1.8 倍。小玉的体重是多少千克？

4. 铅笔每支 3 元，铅笔的单价是圆珠笔的单价的 0.25 倍。圆珠笔每支的单价是多少元？

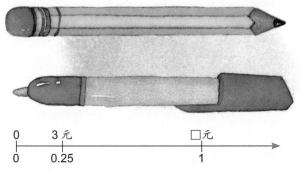

5. 5 年级的学生一共有 120 人，50 米短跑的成绩在 8 秒以上的共有 15 人。15 人是 5 年级学生总人数的百分之几？

6. 在面包中，蛋白质的分量占面包总量的大约 4%。

如果要从面包中摄取 30 克的蛋白质，大约需要吃多少克的面包？

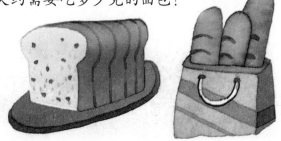

答案：1.（1）8.84 千克；（2）2.08 千克。2.（1）1.25 倍；（2）0.8 倍。3.35 千克。4.12 元。5.12.5%。6.750 克。

解题训练

■ 求比较量的应用题

1 由 1 千克的海水可以提炼 27.8 克的盐。从 14.5 千克的海水中可以提炼出多少克的盐？

解法 14.5 千克的海水是 1 千克海水的 14.5 倍，所以所能提炼的盐是 27.8 克的 14.5 倍。列算式如下：

```
0  27.8 克                              □克
├──┼──────────────────────────────────┤──────→
0  1千克                                14.5 千克
                                       （14.5 倍）
```

27.8×14.5=403.1（克）

答：从 14.5 千克的海水中可提炼 403.1 克的盐。

◀ 提示 ▶
14.5 千克的海水是 1 千克海水的几倍？

■（使用百分率）求比较量的应用题

2 食盐水中任何部分的浓度都相同。如果有 200 克的食盐水，浓度是 8%，其中溶解了几克的食盐？

溶解的食盐重量相当于 200 克的 8%

解法 200 克的食盐水是标准量，所以把 200 克当作"1"，溶解的食盐相当于 0.08（8% =0.08）。

◀ 提示 ▶
把 200 克的食盐水当作"1"，求溶解的食盐相当于多少克。

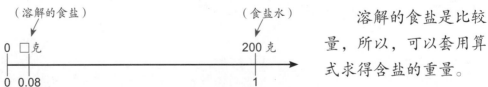

溶解的食盐是比较量，所以，可以套用算式求得含盐的重量。

200×0.08=16（克）

答：其中溶解了 16 克的食盐。

■ 利用比值求出比
较量

3 袜子每双的进货价格是 160 元，如果卖出时所赚的利润
是进货价格的 **25%**，袜子每双的卖出价格是多少钱？

◀ 提示 ▶
把进货价格当作
"1"，求卖出的价
格相当于多少。

解法 进货价格是标准量，如果把进货价格当作 "1"，所赚得的利
润是 0.25（25% 等于 0.25）。

由上图可以看出，卖出的价格是 160 元的 1.25 倍（1+0.25），列算式为：
160×（1+0.25）=200。　　答：袜子每双的卖出价格是 200 元。
其他解法
160×0.25=40（元）……利润
160+40=200（元）

■ 求百分率的应
用题

4 把 20 克的糖溶解于 105 克的水中，溶解的糖占全部糖
水的百分之几？

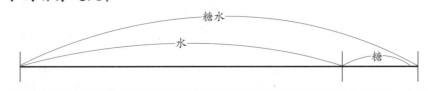

◀ 提示 ▶
把全部的糖水当作
标准量。

解法 把全部的糖水（105+20）当作 "1"，再计算糖所占的分量。

125×□=20，所以，□的值可由下列的算式求得。
20÷125=0.16=16%。

答：占全部糖水的 16%。

■ 求比值的应用题

5 毛衣的定价是 3500 元，实际售价是 2800 元，毛衣的售价比定价便宜几成？

◀ 提示 ▶
降价金额相当于定价的几倍？

解法 计算下图中的降价金额相当于定价的几倍。列算式为：

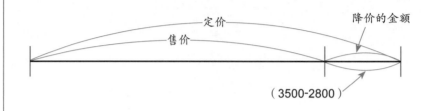

（3500−2800）÷3500=0.2　　0.2 → 2 成

答：毛衣的售价比定价便宜 2 成。

■ 由比值的和求标准量

6 某小学今年的学生人数是 966 人，今年的人数比去年增加了 15%。去年的学生人数是多少人？

◀ 提示 ▶
把去年的学生人数当作"1"，今年学生人数的比值是
1+0.15=1.15

解法 把去年的学生人数当作"1"的话，今年的学生人数因为增加了 0.15，所以成为 1.15。

1.15 相当于 966 人，由此可以求得相当于"1"的学生人数。

由上图可以列出下面的算式：

□ ×1.15=966

966÷1.15=840（人）

答：去年的学生人数是 840 人。

■ 由比值求出标
准量

7

今天是运动器材店大拍卖的日子，店里所有商品的售价
都比原来的定价便宜 25%。运动鞋的售价是 900 元，原先
的定价是多少钱?

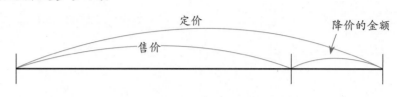

◀ 提示 ▶
求出售价 900 元
的比值。

解法 由下图可以看出，把定价当作"1"时，售价的比值就是
1−0.25=0.75。

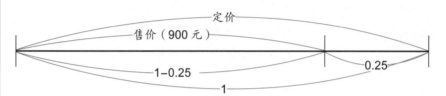

下图显示定价与售价的关系。列算式为: $\square \times 0.75 = 900$

$$\downarrow$$

$$\square = 900 \div 0.75 = 1200（元）$$

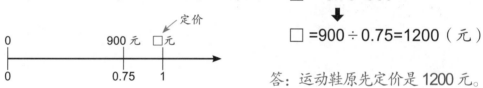

答: 运动鞋原先定价是 1200 元。

■ 利用百分率求
出标准量

8

如果从浓度为 6% 的食盐水中提炼 18 克的食盐，总共
需要多少克的食盐水?

◀ 提示 ▶
浓度为 6% 的食
盐水是指溶解的
食盐分量占全部
食盐水的 6%。

解法 食盐水、食盐及水的关系如下。　　　　　把食盐水当作"1"
时，食盐相当于 0.06。

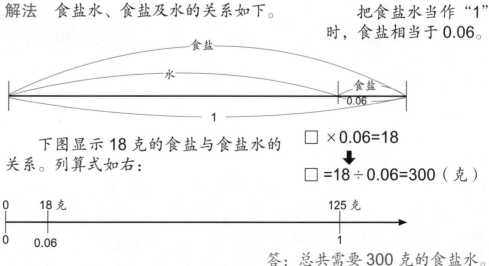

下图显示 18 克的食盐与食盐水的
关系。列算式如右:

$\square \times 0.06 = 18$

$$\downarrow$$

$\square = 18 \div 0.06 = 300（克）$

答: 总共需要 300 克的食盐水。

加强练习

1. 将 50 克的食盐溶解于 200 克的水中。

（1）溶解后的食盐水浓度是百分之几？

（2）如果在食盐水中再添加 150 克水，食盐水的浓度会变为百分之几？

2. 衬衫的定价是 67.5 元，售价比定价便宜 20%。即使这样，却依然能获得 8 分的利润。

（1）这件衬衫的售价是多少钱？

（2）这件衬衫的成本是多少钱？

3. 今天使用的石油量是昨天使用量的 1.4 倍。昨天和今天的使用量相差 1.6 升。今天使用了多少升的石油？

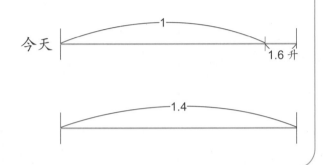

解答和说明

1. 标准量等于（食盐＋水）的量。

（1）把 250 克的食盐水当作"1"，计算 50 克食盐所占的比值。列算式为：

50÷250=0.2

0.2 → 20%

（2）食盐水成为（250+150）克，同样以（1）的方法求出食盐水的浓度。列算式为：

50÷400=0.125

0.125 → 12.5%

答：（1）食盐水浓度为 20%。（2）食盐水浓度变为 12.5%。

2.（1）列算式为：

67.5×（1−0.2）=54（元）

答：这件衬衫的售价是 54 元。

（2）把成本当作"1"，54 元是成本与利润（0.08 元）的和。列算式为：

54÷（1+0.08）=50（元）

答：这件衬衫的成本是 50 元。

3. 把昨天的石油量当作"1"时，1.6 升的比值是：1.4−1=0.4。

因此，昨天的使用量是：

1.6÷0.4=4（升）

今天的使用量是：

4+1.6=5.6（升）

答：今天使用了 5.6 升的石油。

应用问题

把 5000 元分给姐弟两人。姐姐分得的钱数是弟弟的 1.5 倍。姐姐和弟弟各分得多少钱？

答案：姐姐分得 3000 元；弟弟分得 2000 元。